小户型
文艺清新
空间改造创意设计全书

李江军　主编

U0364687

机械工业出版社
CHINA MACHINE PRESS

本书精选独具文艺清新特点的小户型案例进行专业剖析，就读者关心的小户型装修问题做图文并茂的深度指导。从案例设计说明着手，列出装饰材料与软装饰品的参考价格清单，让读者在借鉴时对预算心中有数。并从每套案例中选出多个具有代表性的功能区间，从小户型的功能格局、材料选择、色彩搭配、收纳设计、空间扩容及施工等多角度进行解析。本书中的小户型装修课堂，是国内多位室内设计师日常工作积累的心得，可启发读者规划自己小家的设计思路。

图书在版编目（CIP）数据

文艺清新 ：小户型空间改造创意设计全书 ／ 李江军
主编．－－ 北京 ：机械工业出版社，2018.8
ISBN 978－7－111－60711－3

Ⅰ．①文… Ⅱ．①李… Ⅲ．①住宅－室内装修－建筑
设计 Ⅳ．① TU767

中国版本图书馆 CIP 数据核字 (2018) 第 190298 号

机械工业出版社（北京市百万庄大街 22 号 邮政编码 100037）
策划编辑：赵 荣 责任编辑：赵 荣 范秋涛
责任校对：白秀君 责任印制：常天培
北京联兴盛业印刷股份有限公司印刷
2018 年 8 月第 1 版第 1 次印刷
184mm×260mm · 10.5 印张 · 84 千字
标准书号：ISBN 978－7－111－60711－3
定价：59.00 元

电话服务   网络服务
服务咨询热线：010-88361066   机工官网：www.cmpbook.com
读者购书热线：010-68326294   机工官博：weibo.com/cmp1952
            010-88379203   金书网：www.golden-book.com
封面无防伪标均为盗版   教育服务网：www.cmpedu.com

前言 Foreword

　　小户型通常是指建筑面积在 100 ㎡ 以下的住宅，很多年轻业主在经济能力不太强、家庭成员简单的情况下，先选择购买小户型不失为一种明智的选择，总价相对较低，同时又可以作为过渡型住房，待经济上允许，可再换一个面积大一些的住宅。

　　对于小户型来说，如何通过装修使其拥有更多空间、小而得当，从选材施工到最后布置都是重中之重。除了风格的选择之外，首先要对小户型的格局进行合理的设计，在改造上要合理利用每一寸空间，要注重平衡舒适性与紧凑性，充分考虑功能性，就能够为小户型扩展出更多的家居空间。其次应掌握好收纳技巧，就可以做到小而精、小而全，使有限的空间无限放大。

　　本书与姊妹篇《现代简约 小户型空间改造创意设计全书》，由编委会历时半年多时间，抓住流行热点，确定文艺清新和现代简约为时下小户型装修最常用的两个设计风格，从近 200 套国内顶尖设计案例中精选 60 多套独具特点的小户型案例，并邀请两位具有近 10 年设计经验的室内设计师对这些案例进行专业地剖析，并且就读者关心的小户型装修问题做了图文并茂的深度指导。首先从整个案例的设计说明着手，然后列出装饰材料与软装饰品的参考价格清单，让读者在借鉴时对大概的预算做到心中有数。最后从每套案例中选出多个具有代表性的功能区间，从小户型的功能格局、材料选择、色彩搭配、收纳设计、空间扩容以及施工等多个角度进行解析。此外，本书中的小户型装修课堂，是国内多位室内设计师日常工作积累的心得，可以启发读者规划自己小家的设计思路。

目录 CATALOG

让文艺清新的气息于小户型空间中流淌

文艺清新的家居风格是现在很多年轻人所崇尚的家居装饰方式。文艺清新的家居空间装饰大都很简单，往往有着北欧的洁净和日式的清冷，虽然简单却不显单调，空间里弥漫着惬意与舒适，因此是小户型家居装饰的极佳选择。在小小的空间里，细细地品味着生活。文艺清新其实并不能算是一种家居装饰风格，所谓的文艺清新风格，其最根本的实现方法就是简单干净而不乏生活气息。因此，高品质的生活才能打造出文艺的家居空间。

想要营造出文艺清新的家居氛围，在空间配色的设计上也要非常讲究。应尽量少用饱和度太高的颜色，如大红大绿等。这些浓墨重彩的颜色，难免会为简约精致的小户型空间带来些格格不入的感觉。可以选择一些清淡的颜色，如白色、米色、木色等，这些简单纯粹、气质淡雅的颜色都很适合运用在小户型的空间里，而且这几种颜色本身就具有文艺清新的气质。此外，家居装饰材质的选择，对于呈现空间气质有着直接的关系，如原木、石材、纯棉、麻、铸铁、混凝土等呈现自然特色的材质，在装点起文艺清新风格时，会更加得心应手。

除了色彩和装饰材质外，绿色植物更是体现文艺清新气质的重要元素之一。无论是单独运用，还是多方位点缀，都可以为家居环境制造出清新舒适的自然格调。

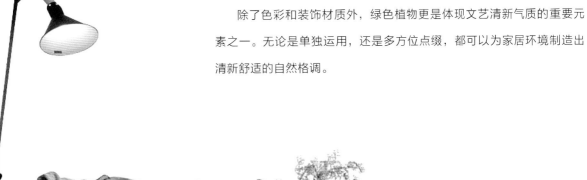

挖掘小空间的利用率

　　小户型家居需要强大的储物空间，而且不能使空间格局过于凌乱，本案的设计将空间进行了非常合理地利用。在客厅区域设计了既休闲又美观的书房空间。餐厅区域以及电视墙区域储物柜的变化设计，在增大储物空间的同时，也使整体空间内容显得更为丰富。

建筑面积　85.8m²
设计公司　北鸥设计

书桌上方铁艺吊灯
参考价格 400~500 元 / 个

◁

电视墙的设计增加了玄关空间

客厅入户门的对面是一面电视墙，由于电视墙的上方是镂空的，因此增加了玄关区域的采光，让空间更显通透。电视墙的设计在客厅区域划分出了一个玄关空间，将面向客厅的一侧设计成隔板柜子，可放置主人喜欢的饰品，而且视觉效果也很活泼生动。

客厅黑色落地灯
参考价格 300~500 元 / 个

客厅水泥灰壁纸
参考价格 80~150 元 / ㎡

◀

客厅书柜的设计既美观又实用

在客厅区域设计一个开放式的书房空间，灰色条纹的书桌显得休闲又美观。书柜的设计也很有新意，中间采用了镂空的格子隔板，可放置图书及装饰品，非常实用。书柜上柜体和下柜体是带门板的，这样的设计既可以防尘、易于打理，而且也是很好的隐形储物空间。

🔍 小户型装修课堂

巧用纱帘营造唯美浪漫气氛

　　小户型在软装搭配的时候要注意色彩的轻重结合。窗帘作为墙面上最大的装饰，对于提升小户型的美感起着至关重要的压轴作用。白色纱帘唯美而浪漫，以其柔软通透的质地，呈现着若隐若现的朦胧美感，并且对采光的影响也极小。此外纱帘布表面不易积灰，因此清洁保养十分方便，而且面料也不易变形。

卧室电视墙饰面板
参考价格：240~300元／㎡

◀

衣柜和书桌的设计节省了小卧室的空间

卧室电视墙旁边的柜子门设计，很好地隐藏了柜子，使小空间看上去更整洁。书柜的设计更是简洁大气，一层木质板材的隔层，既实用又通透，整体看上去丝毫不显拥挤。

文艺清新 ／ 10
小户型空间改造创意设计全书

餐厅墙面柜子的实用设计

厨房空间比较小，为了增加更多的储物空间，在
餐厅区域设计了和原始墙体厚度一致的储物柜，
既增加了厨房空间的完整感，又增加储物空间。橱
柜下方的重点照明，提升了厨房作业时的安全性。

浅色木门地板
参考价格 150~260 元 / m²

厨房小方形瓷砖
参考价格 100~180 元 / ㎡
小户型的厨房一般都比较小，为了避免浪费和保持空间的协调性，应选择规格较小的瓷砖，这样不仅能够减少铺贴时的浪费，而且也避免了大规格瓷砖切割等施工带来的诸多不便

卫生间置物架
参考价格 80~150 元 / 个
在卫生间安装一个置物架，能够很好地缓解小空间的收纳压力。置物架应安装在不常活动的区域，以免对人的活动造成阻碍，同时也减少了磕碰的危险

巧妙利用卫生间马桶上方的墙面空间
卫生间往往有着很大的储物需求，该案例的设计把一些细节考虑得很到位，在马桶上方放置一个既可置物品，又可挂毛巾的置物架。简洁普通的设计，却给日常生活带来了很多的便捷。

[富有质感的北欧风

　　小户型的装修不一定要华丽，简约而有新意的设计同样也能体现出家居的品质。在自制的清水混凝土花盆里，栽入绿意盎然的植物，为空间带来自然舒适的感觉。敞开式厨房的设计，使整个空间显得宽敞明亮。高低层次的木质鞋柜，极富设计感，结合灰白的墙面，营造出了自然并富有朝气的家居氛围。

建筑面积　89m²
设计公司　谷辰装饰设计

◀

电视墙和餐厅墙材质统一使空间更有整体感

电视墙和餐厅墙面是并排挨着的，为了使墙体的整体性更好，两面墙设计了同样的造型，并且采用了同样的水泥灰壁纸。因为空间功能不同，两个墙面的软装还是有区别的，在变化中求统一的设计，使空间看起来更有整体感。

水泥灰壁纸
参考价格 65~100 元 / ㎡

水泥灰壁纸的运用不但不会显得粗糙简陋，而且能为家居空间带来自然、不加修饰的视觉美感。如能加以挂画以及艺术墙饰的点缀，还可以呈现出不凡的装饰品质

浅色实木复合地板
参考价格 150~200 元 / ㎡

黑色边框穿衣镜
参考价格 150~200 元 / 个

在家居空间设置穿衣镜不仅能方便日常整理仪容，而且镜面的反射能起到增加房间开阔感的作用。黑色的镜面边框，则丰富了墙面的线条感

小户型装修课堂

富有粗犷美感的水泥墙面

    水泥墙面具有朴实无华、自然沉稳的气质，给人以现代、极简、粗犷的视觉感受。而且水泥墙面与生俱来的厚重与清雅，是大多数现代建筑材料无法效仿和媲美的。水泥墙面通常出现在写意的空间里，并常与精致的饰面形成对比，利用简单的对比效果表述出了极简与随性的空间感。

餐厅三头吊灯
参考价格 800~1000 元 / 个

小户型装修课堂

开放式书架墙的设计技巧

　　如果家中书籍较多，那么书架就成了家居中不可或缺的一个设计。在现代家居中，书架还有着摆放展示装饰品以及点缀空间情调的作用。在小户型中可以采用入墙式书架，将书架与墙体结合在一起，这样既不占用平面的空间，又能利用立体空间实现收纳及装饰功能。

有着强大储藏功能的书房空间

书房区域设计了很实用的榻榻米，既可以作为休息区也可做休闲区域。榻榻米的箱体侧面设计了抽屉，可以用于存放物品。榻榻米上方整面墙的书柜，配合精致的书桌，让空间利用率得到了进一步的提升。

卧室床头灰色吊灯
参考价格 200~350 元 / 个

卫生间的空间设计极为巧妙

浴房空间凸出了一个垛子，因此马桶上方也设计了一样厚度的墙体。墙的高度接近马桶水箱的高度，将马桶的水箱暗藏进去，让空间的完整感更为强烈。凸出墙体的另一侧设计了不落地的储藏柜，加上半圆形浴室柜的设计，都在很大程度上节省了空间。

卫生间灰色墙砖
参考价格 80~120 元 / ㎡

17 文艺清新

多彩糖果屋

　　该户型的餐厅和厨房空间比较狭小，因此功能空间受到了限制。设计师很巧妙地在餐厅空间设计了一个卡座，既不占用空间，又休闲时尚。将厨房空间和餐厅空间利用镜子进行划分，使整个餐厨空间既通透又宽敞。整个空间的墙面采用了舒适的墙纸装饰，显得温馨舒适。地面地板和地砖材质的使用，很自然地在视觉上将空间划分开来。儿童房棚面的木质造型和木质汽车儿童床更是别具一格。

建筑面积　82m²
设计公司　一然设计
设 计 师　杨星滨

 ## 小户型装修课堂

照片墙的运用技巧

照片墙是现代家居设计中特别流行的墙面装饰元素。相框组合式的照片墙设计，常出现于客厅沙发背景墙上，为整个家居装饰起到了点睛之笔的作用。随意的排布方式也展示出了居住者不受拘束的生活态度。此外，应注意过于繁杂的颜色容易在小空间里形成视觉压力，因此照片墙的设计应尽量和墙壁风格或整体装修风格协调一致。

客厅装饰画运用得相得益彰

沙发墙的木质画框运用得很独特，根据一定的规则挂在墙面上。形状有圆有方，大小不一，颜色虽不艳丽但清新独特，既体现了空间的层次感，又运用了现代简约的排布方式，呈现出了时尚简约的美感。

高级灰的仿石材墙砖
参考价格 150~200 元 / ㎡

五颜六色的糖果吊灯
参考价格 150~200 元

⚠ 多功能的餐厅卡座

正常餐椅背后会留出一定的空间，用来移开椅子或者供背后的人通过。而该案例餐厅卡座的设计就省去了一侧椅子背后的过道，让餐桌椅整体所占空间的宽度缩小，而且特别实用，既可以作为餐厅座椅又是很好的储物空间。皮质的黄色靠背座椅搭配木质的桌椅，显得清新自然，让人耳目一新。

🔍 小户型装修课堂

镜面吊顶的设计要点

如果小户型层高不足，装上吊顶后可能会产生压抑感，因此可以利用镜面设计吊顶来延伸视觉空间，缓解由于层高过低形成的压抑感。如果选择镜面作为吊顶，整体家居风格应以浅色系搭配为主，浅色系加上镜面的反射作用能让小空间更显通透。

可任意涂鸦的水性黑板漆
参考价格 100~150 元 / ㎡

清新淡蓝色数字油画

参考价格 80~120 / 个

印刷填色的仿真油画，时间长了会氧化变色，
因此家居装饰尽量选择手绘油画。手绘油画的
画面有明显的凹凸感，而印刷的画面平滑，只
是局部用油画颜料填色，因此在装饰效果上也
会差一些

清新典雅的淡蓝色壁纸

参考价格 80~150 元 / m²

淡蓝色的壁纸有着含蓄又空灵的气质，用于家
居墙面的铺贴，能营造出稳重而又文艺的空间
氛围，并且能平衡整体空间的视觉感受

◄

活泼跳跃的儿童房

儿童房的设计以汽车为主题，色调以蓝色和黄色为主。汽车图案的暖色壁纸呼应了汽车造型的儿童床。线条简洁的木质汽车造型床，既装饰了空间又有实用功能。精致简洁的圆形学习桌既节省空间，又可供孩子们学习娱乐。墙面弧形隔板造型的设计，线条优美又可摆放孩子的小玩具。弧形的设计也不会有棱角磕碰到孩子，从而在很大程度上提升了儿童房的安全性。

富有童趣的木质汽车造型儿童床
参考价格 2000 元 / 张

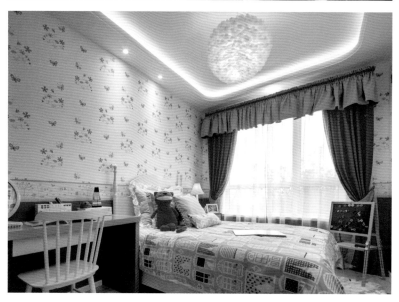

◄

厨房设计既有视觉效果又有很强的储物功能

厨房空间虽然比较狭小，但 U 形橱柜的布置，大大地提高了厨房的储物功能。在灶台对面的柜体设了窄柜，可以放些小的厨房用品。柜体上方的镜子设计，即使餐厅区域更显通透，而且扩大了厨房空间的视觉效果。

通透明亮的银色镜子
参考价格 80~120 元 / m²

[小空间大利用

　　该户型由两室一厅一厨一卫组成，厨房和卫生间的空间都比较小。常用的家用电器如洗衣机、冰箱、烤箱的摆放空间都很受局限，并且储物空间也不够。因此设计师针对这些问题进行了合理化的设计。将洗衣机和水盆巧妙地结合到一体，节省了空间；将冰箱嵌入到柜体和墙体的夹缝中间，从而使每一寸的空间都得到了很好的利用。

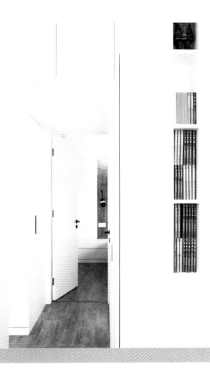

建筑面积　78m²
设计公司　BIGFISH DESIGN

电视墙烤漆隔板造型
参考价格 700~800 元 / ㎡

小户型装修课堂

在电视背景墙上开辟收纳空间

电视墙一般只用于放置电视和电视柜，这样一来，电视背景墙的空间就被空置浪费了，对于小户型来说，合理的设计这部分空间，能带来极大的收纳功能。比如在整个背景墙设置一个组合式的收纳柜，用于收纳日常用品、书籍或摆放饰品，不仅达到了一柜多用的效果，而且由于收纳柜覆盖了整个墙面，因此空间的整合度丝毫不会受到影响。

将储物空间连成一线

将客厅和卧室的墙体拆除，并在承重墙体的两侧很巧妙地设计了双面柜，在提高卧室收纳空间的同时，客厅区域也多了一个可以用于休息的小卡座。柱子另一侧放置了冰箱和微波炉的储物柜，并与电视墙的组合柜连成一线，既美观简洁又实用方便。

家用轨道射灯
参考价格 350~420 元 / 个

北欧风餐桌
参考价格 2500~3900/ 套

深灰布艺沙发

参考价格 2000 元 / 张
结构的牢固度与设计角度的合理性，直接影响着沙发的质量和使用舒适度。因此，在选择布艺沙发时首先应看其整体结构是否牢固，有无松动等问题

北欧风格实木复合地板
参考价格　180~240 元 / ㎡
实木复合地板是由不同树种的板材交错层压制而成，不仅保留了实木地板的自然木纹和舒适的脚感，而且克服了实木地板湿胀干缩的缺点，因此具有较好的尺寸稳定性。

 # 小户型装修课堂

厨电嵌入式设计的注意事项

　　随着生活水平的提高，烹饪方式也越来越多样化。但是独立存在的厨电格外占用空间，加上小户型的厨房空间有限，因此厨电嵌入式的厨房设计理念也就应运而生了。将冰箱、烤箱、微波炉、消毒柜等嵌入到靠近墙壁的橱柜里，这样不仅完善了厨房的收纳功能，提高了厨房空间的利用率，而且增加了人与厨房、电器之间的协调性。此外，应注意在定制橱柜前要先确定好哪些嵌入式电器以及电器的大小尺寸，以便预留位置和布线等。

创意伸缩折叠墙灯
参考价格 290~350 / 个

衣柜与床头柜合二为一

小户型卧室空间的设计主要以储物为主。为了有更多的储物空间，在床的两侧以及床头都设计了柜子作为收纳。床头柜则用于平时收纳一些日常用品，也可放置床头摆件、水杯等。考虑到床头柜的实用性，将衣柜和床头柜合二为一，既节省空间又实现了床头柜强大的收纳功能。

鞋柜的设计弥补橱柜侧面裸露的缺陷

厨房位置在入户的右侧，将厨房原始的墙体拆除，设计成敞开式的厨房。这样厨房的侧面就会裸露出来，因此在侧面设计了一个吧台式的鞋柜。鞋柜上方的隔层，可以放一些钥匙零钱之类的日常用品，下面则用于储物，美观的同时也很方便实用。

厨房灰色墙砖
参考价格 80~120 元 / ㎡

洗衣机和水盆的完美结合

厨房空间很小，因此将厨房和客厅区域的墙体拆除，设计了一个与墙体同长度的小操作台。在操作台上面放置菜盆，操作台下方放置洗衣机。这样既使整体空间通透明亮，又增加了厨房操作台的空间，同时也避免了水盆和灶台同在一个台面的弊端。

原生态之美的 loft 风

　　本案巧妙合理的设计让原本采光、通风不佳的中古夹层，变身为极具个性魅力的 loft 潮流家居。入户地面与客厅地面有个错层，通过简洁的金色台阶前往客厅，大方而时尚。电视墙面参差错落的展示柜，增大了储物空间，辅以镜面的反射，延伸了空间的深度。电视墙展示柜上的书架设计，提升了空间的收纳效率。

建筑面积　75m²
设计公司　KC design studio 均汉设计
设 计 师　曹均达、刘冠汉

Loft 休闲沙发
参考价格 1500~2000 / 个

柚木地板
参考价格 220~320 元 / m²
一般而言，柚木特有的铁质、油质和香味的丰富程度，是判断柚木地板好坏的关键标准，因此，柚木的油性越足、铁质越丰富、纤维越密、香味越浓则说明柚木地板的质地越好

牛皮地毯
参考价格 2000 元 / 张
牛皮地毯不能直接用水清洗，如果因为果汁或者牛奶弄脏，一般用干毛巾擦干即可。如果有渍迹，则可以用肥皂液擦洗，再用湿毛巾擦拭几遍，然后放到阴凉处风干，切忌在太阳光下暴晒

小户型装修课堂

富有创意的镜面墙装饰

　　小户型空间虽小，但如果能在细节处做精心的处理，往往会带来意想不到的空间效应。用大小不一的圆形镜子挂在客厅做背景墙，不仅富有有创意，而且能把空间装饰得更为立体、独特。如果空间的采光不太好，正好可以利用这些装饰镜反射光线，弥补小户型的采光缺陷。用镜子作为墙面装饰，不仅超越了传统壁纸的装饰效果，而且让视觉在墙面上得以延伸，于隐约中扩大了空间面积。

电视墙上方空间合理运用

由于电视墙位置的柜子没有通到顶面，因此在展示柜上方设计了和电视墙长度一样的书柜，在增大储物空间的同时也很有装饰效果。

乔丹人物造型摆件
参考价格 400~500 元 / 个

小户型装修课堂

组合式收纳柜打造灵活高效的家居空间

在家居生活中，总有大大小小的生活物品需要收纳，灵活且实用的家具对于小户型来说有着极大的作用。相比于传统的收纳柜，组合式的收纳柜可以更加灵活地将空间运用起来，尤其是在小户型的空间中，可以高效率地利用好每一寸空间。

客厅与玄关之间玻璃使用巧妙

原始户型只有客厅方向有光线，所以采光不是很好。而且整体格局又很细长，所以玄关的空间就会显得更暗。设计师在客厅与玄关区域设计了一块透明玻璃，既划分客厅和玄关的空间，又将客厅的光线引入到了玄关处，从而增加了玄关区域的亮度。

椭圆镜子
参考价格 150~200/个

楼梯间的合理运用

由于楼梯下方的空间是低于客厅地面的，所以在朝向客厅的方向设计了一个吧台，并在吧台上嵌入了一个洗菜盆，加强了空间的实用性。为了空间的整体性，将台面延伸至了楼梯处，将其很恰当地作为楼梯的一步台阶，整体设计既实用又美观。

花砖
参考价格 150~200 元 / m²

灰白古风休闲公寓

　　该户型客厅空间比较长，将其都作为客厅空间的话比较浪费，因此在客厅空间隔出了一个卧室。而主卧室空间也比较宽敞，可以在其中设计一个小休闲区。此外，书房空间的设计也兼具了客卧的功能。该案例整体空间的规划，将空间的合理使用价值达到了最大化。空间的主色调以灰白色为主，既清爽又明亮。

建筑面积　82m²
设计公司　上瑞元筑
设计师　许雪玮

白色铁艺吊灯
参考价格 300~500 元 / 个

小户型装修课堂

百叶帘的多功能作用

　　百叶帘有着大方美观、经济实用等优点，而且百叶帘还可以根据需求调节百叶的角度来控制光线，以达到符合自身需求的最佳状态。百叶帘安装方便，可以运用在家居中的各个空间，如客厅、餐厅、卧室、卫生间的区域。此外，对于小户型来说，百叶帘还可以作为两个功能区之间的隔断，不仅能达到区分空间的效果，而且还为小户型的家居环境增添了简约大方的气质。

▲ 客厅里多出一个卧室空间

在客厅空间窗户位置的方向隔出一个小卧室，并将隔断墙的位置设计到了沙发的后面，因此没有对空间的格局带来太大的影响。在墙面设计落地窗和通到顶面的门，目的是尽可能地增加客厅的采光，而且又起到了划分空间的效果。

灰色墙漆
参考价格 35~45 元 / m²
灰色墙漆虽然整体看起来平淡简单，但能为家居营造不一样的气质，再搭配一些暖色调的家具或饰品，能够带来时尚而大气的视觉冲击力

钓鱼落地灯
参考价格 200~300 元 / 个

灰色地图纹理壁纸
参考价格 95~150 元 / m²

◀

在主卧室空间设计休闲区
主卧室的空间比较大，为了提高空间利用率，在靠近窗户的位置放置了休闲的黑白灰三人沙发，搭配木质的圆形桌椅，打造出了一个舒适的休闲空间，既有情调又可以作为工作及读写的空间。

 小户型装修课堂

利用钓鱼灯制造空间亮点

　　钓鱼灯的造型别致且富有设计感，有着让人过目难忘的视觉张力。唯美的设计也顺利地延伸了灯具的照明范围，从而达到了吊灯的照明效果。钓鱼灯的颜色应和整体空间的配色相协调，同色系和相近色系的搭配能加强空间的整体感。

地板
参考价格 150~200 元 / ㎡

书房榻榻米的设计节省空间

在书房空间设计了一个榻榻米，榻榻米侧面的抽屉设计，带来了很大的储物功能。

榻榻米上方的书桌，方便了平时工作时的读写。书桌是靠两侧的立板支撑的，因此减少了榻榻米上方空间的占用，并且在睡觉时方便腿部伸展。

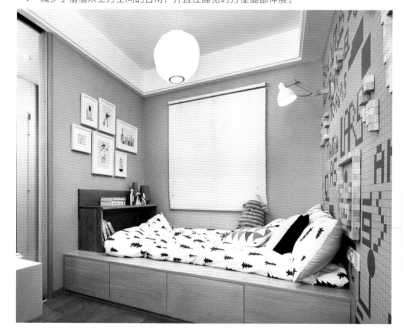

木块马赛克
参考价格 200~300 元 / ㎡
由于木块的表面光滑，用普通的胶粘剂来铺贴马赛克，容易出现脱落以及腐蚀马赛克导致褪色等现象，因此在墙面铺贴木块马赛克时，可以选择使用玻玛胶

暗藏空间的魔力小屋

　　该案例客厅居于户型的正中间，储藏间和卫生间以及厨房的门是并排挨着的。为了避免造成凌乱的感觉，在墙面上设计了暗藏门，使墙面和门形成一个整体。由于客厅空间比较宽敞，为了不浪费空间，在沙发墙后面设计了一个敞开式的书房，既通透又有内涵。高级灰墙面搭配原木色的混合家具，让整个空间呈现出了回归自然的感觉。

建筑面积　85.8m²
设计公司　北鸥设计

◄

在客厅隔出书房天地

在客厅沙发后的区域设计一个敞开式的书房空[间]，而且采用了木质台阶地面以及透明玻璃隔断，[这]样的设计既划分了空间，又不会让客厅空间显[得]拥挤。书房空间里的书柜比较矮，并与墙面的[暗]藏灯光形成了呼应，从而增强了空间的层次感。

北欧风格的单体沙发
参考价格　500~730 元 / 个

完美的隐形门设计

客厅沙发墙一侧有三个空间，即储藏间、卫生间以及厨房。三个空间的门联系得较为紧密，如果安装正常的套装门，会影响墙面整体的效果。因此设计了与墙体材质一致的隐形门，让整体空间显得简洁大气，同时也让视觉得到了舒展。

北欧原木小吧桌
参考价格 350~550 元 / 个
简单的原木小吧桌为家居空间带来了清新文艺的装饰感，吧桌台面不仅可以用来陈设装饰品，而且可以作为临时的书桌和餐桌

隐形门装饰墙
参考价格 80~120 元 / ㎡

落地装饰画
参考价格 300~400 元 / 幅

小户型装修课堂

简约家具缓解小户型空间压力

　　由于小户型空间不足，因此在选择家具时，要考虑到户型面积的实际情况。选择一些造型简洁、体积较小的家具可以让小空间的视野变得更加开阔，同时为小户型家居带来简约精巧的居住氛围。

暖色乳胶漆
参考价格 80~120 元 / ㎡
暖色乳胶漆适合运用在家居的卧室空间，不仅
可以强化卧室空间的神秘感与隐私感，而且其
温暖的色彩视感，能够为卧室空间营造出温馨
舒适的睡眠环境

小户型装修课堂

玻璃隔断带来隔而不断的空间效果

  用玻璃材质作为隔断在小户型的装
修中是比较常见的。通透的材质属性，
丝毫不会阻碍光线和视觉的延伸，在空
间里制造出了隔而不断的视觉效果。此
外，玻璃隔断还有着隔声好、防火佳、
绿色环保、易安装等特点，因此是小户
型隔断的最佳选择。

书房透明玻璃隔断
参考价格 80~150 元 / ㎡

◁

卫生间空间利用合理

在卫生间的左侧墙面设计水盆和马桶，而在另一面墙上设计浴房和浴缸，这样的布局设计不仅让卫生间的过道显得很宽敞，而且功能也很齐全。浴缸和墙面采用了统一材质的长条瓷砖铺贴，加强了卫生间的整体性。

卫生间白色长条瓷砖
参考价格 150~200元 / ㎡

淳朴清新的北欧风

　　本案空间的设计为北欧风格，其设计精髓就是在有限的空间里，营造出温馨舒适的家居氛围。例如，像客厅可安装360°旋转的电视支架；嵌入在柜体和墙之间的冰箱；用黑白花纹瓷砖饰面的吧台。这些的实用设计让生活节奏紧张的都市人，在北欧风格的家居空间中得以舒展。

建筑面积　42m²
设计公司　北鸥设计

玄关棚面生态木多层次吊顶
参考价格　130~150 元 / ㎡

玄关鞋柜储藏功能强大

玄关空间的柜子直通到生态木的棚面,带来了更多的
储物空间。在柜子中间设计隔板,可用于临时放置钥匙、
零钱等小物品。柜子整体设计为白色,简洁大方又不
显拥挤。

棚面吊顶设计增加空间层次感

客厅被电视柜一份为二划分开后,在书房空间设计跌
级吊顶,和沙发区域的顶面行成了视觉上的层次感。
这样的设计不仅简洁大方,而且增加了空间的进深感。

43 ＼ 文艺清新

⚠ **客厅电视位置的设计很特别**

旋转电视机的灵活性为空间制造出了前所未有的新鲜感，不仅机能性地满足了客厅或餐厅观看电视的需求，而且能针对使用者对视角舒适度的不同需求进行调整，同时也在小空间里创造出了视觉上的变化美感。

书柜墙面蓝色墙漆
参考价格 15~20 元 / m²

可旋转电视支架
参考价格 150~200 元 / 个

灰色懒人沙发
参考价格 1800~2500 元 / 套
懒人沙发表面如果是缝制的固定布套，则无法将沙发套拆除下来清洗，因此可以利用吸尘器来进行清洁。如果只是沾上轻微的污渍，可以使用纺织品清洁剂或用海绵沾湿后进行擦拭

餐厅黑色单头吊灯
参考价格 80~120 / 个

厨房不规则花纹小砖
参考价格 125~135 元 / ㎡
花砖无论是大面积的铺贴，还是局部的零星点
缀，抑或别出心裁地与其他材质进行混搭，都
能轻松地制造视觉焦点，让家居设计更加出彩

△ 利用厨房吧台划分空间

由于厨房是开放式的设计，并且厨房餐厅之间还有多余空间可以利用，因此在餐厅的墙体上设计了一个吧台，并在吧台一侧设计可以储物的抽屉。这样的设计既划分了厨房和餐厅空间，而且在材质上和厨房墙面形成统一，整体感觉非常和谐。

 ## 小户型装修课堂

壁挂式洗手台的设计技巧

壁挂式洗手台适合卫生间面积较小的小户型，悬挂于墙面上的造型设计，富有设计上的美感。空出洗手台的下部空间，不仅方便清洁，而且还能减轻小空间的拥堵感，让卫生间显得更加通透。此外，洗手台的内部空间还能收纳卫生间里的小物件。

[春天的生机

　　该案例将原始格局重新进行了规划，将入户门拆除，并外扩为玄关，这样进门的空间就变大了。另外，在进门处放置功能较全的柜子，让视觉更加开阔的同时也便于坐下换鞋。电视墙的设计，既美观又增加了客厅空间的储物功能。储藏间的设计将它和书房合二为一，一个空间多种功能的设计非常实用。该案例整体设计风格为原木北欧风，清新自然而且生机勃勃。

建筑面积　76m²
设计公司　北岩设计

地面灰色地板
参考价格 150~200 元 / ㎡

灰色的木地板能够为家居环境带来自然温润的
舒适感。自然的木纹更是为地面空间带来了精
美绝伦的装饰效果

仙人掌长方形装饰画
参考价格 600~800 元 / 幅

电视墙人工定制的柜子
参考价格 1000~1800 元 / ㎡

◀

客厅嵌入式电视墙的贴心设计

电视墙的设计是墙面石膏板造型和收纳柜
的结合，并按照电视墙的精确尺寸，设计
了一个凹进去的电视机位。两侧对称的收
纳柜，既可以放置饰品摆件，也可用于摆
放书籍。封闭的柜子则可以作为储物柜使
用。

棚面石膏板造型
参考价格 180~220 元 / m²

宜家北欧单头餐厅吊灯
参考价格 220~350 元 / 个
在挑选餐厅吊灯时，要根据餐桌的尺寸来确定
灯具的大小。此外，餐厅更重视营造温馨的进
餐氛围，因此应尽量挑选暖色并能够调节亮度
的吊灯

卧室床头可伸缩壁灯
参考价格 150~220 元 / 个

小户型装修课堂

巧用木质墙面为家居环境带来生气

　　注重绿色环保理念的现代家居，往往会尽可能多地融入自然元素，如在家居的一整面墙上铺贴原木作为装饰。木质墙面的设计为家居环境增添了自然气息。看似简单朴素，却营造出了充满生机的家居环境，同时也表达了现代人对于大自然的向往之情。

◄

主卧室的设计美观又功能齐全
主卧室的床头设计了整面墙的胡桃色木纹装饰，其颜色很舒服，非常适合卧室空间。为了不造成空间浪费，在床的一侧隔出一个 U 形衣帽间，将角落空间充分地利用了起来。衣帽间采用了拉门的设计，既通透又实用。

书房和储藏间的完美结合

书房空间的面积并不大，为了保证书房的功能齐全，将储藏柜和书桌结合在一起，既增加了收纳空间，同时也让书房空间的观感更显清透。柜体选择了白色和原木色搭配，营造出了安静舒心的氛围。

[夏花绚烂

　　本案是两室两厅户型，户型布局方正舒适。为了增加空间布局的合理性，把阳台空间的门从卧室方向改到厨房的方向，这样阳台的空间就被划分到了厨房，更便于使用。整体的软装侧重于女性的视角来设计，营造出了一个如"夏花绚烂"的热情氛围，并且充分展现了空间的柔美和温馨。

建筑面积　90m²
设 计 师　付涵沁

客厅装饰画

参考价格 200~350 元 / 幅

客厅是家居活动的主要场所，墙面的装饰挂画往往会成为视觉焦点。客厅空间的墙面可以选择以风景、人物、花鸟等为题材的装饰画作为搭配

小户型装修课堂

粉色系浪漫空间

　　纯美浪漫的粉色空间充满温情与梦幻感，粉红色在家居中的运用，给人以喜悦和温馨的感受。想要在空间里打造出真正高级感的粉色少女风，没有必要堆砌华而不实的粉色家具及饰品，而应秉持着少而精的原则，添置几样关键性的粉色单品，这样，清爽浪漫的粉色空间就被打造出来了。

餐厅区域酒柜的设计美观又实用

餐厅区域的设计很别致，餐桌的摆放是以竖着的方向顶到墙面，这样比较节省空间。餐桌的两侧设计了两个对称的酒柜，可以放装饰瓶或者酒瓶。酒柜侧面的木板交叉形状设计，使酒柜看起来更为灵活通透。

白色鹿头
参考价格 300~450 元 / 个

复合实木地板
参考价格 200~280 元 / ㎡

▲ 生活阳台门的改动增加便利度

　　原始格局进入阳台需要经过卧室，这样就需要一个过道的空间，不仅会使卧室空间形成了浪费，而且也会影响休息。因此将阳台的门封闭，保留窗户，并将阳台门改到厨房空间，这样不仅能让卧室多出一个梳妆台的空间，而且也增加了卧室空间的完整性。

卧室粉色墙漆
参考价格 15~20 元 / ㎡
粉色是女性最为钟爱的色彩，选用粉红色墙漆打造卧室空间的主色调，能让空间散发出持久的魅力和非凡的感觉

 小户型装修课堂

公主床的搭配要点

　　在浪漫的粉色空间里，搭配一张公主床是必不可少的。公主床的床品对于颜色的搭配和材质的选择都具有一定的要求。亮面材质的床品，最好搭配灰色，这样才能压得住亮色，不会因为亮面而显得浮夸。如果是纯棉亚光面料，可以搭配饱和度低的浅灰、淡蓝等颜色，喜欢清爽可爱一点的，则可以选择白色作为搭配。

棉麻窗帘
参考价格 150~200 元 / ㎡

扇形浴房的设计节省卫生间空间

卫生间的空间比较小，开门正对一个马桶，所以马桶和门之间几乎没有空间可以利用。在浴室柜与马桶之间的角落位置设计一个扇形浴房，这样在一个有限的狭小的空间里，也可以有一个完整的浴房，而且能够防止水花四溅，便于日常打理。

卫生间文化砖
参考价格 15~200 元 / ㎡

清新优雅 loft 公寓

该户型是 61m² 的 loft 复式公寓，考虑到楼上的采光不是很好，所以装修材料多是采用一些透明玻璃和银镜。既提高空间的采光效果，又可以在视觉上扩大空间。功能区空间的设计也很新颖，卫生间巧妙地采用了玻璃作为墙体隔断，通透明亮，既划分了功能空间，又减轻了视觉上的拥挤感。本案在色彩上采用了高级灰 + 灰绿色组合，在高级中透露着异域风情，整个空间充满了优雅浪漫的设计感。

建筑面积　61m²
设计公司　益善堂装饰设计
设 计 师　王利贤、李丝莲、张琳琳

◄

洗衣机与玄关柜的结合非常完美

由于卫生间的空间很小，如果将洗衣机放到卫生间会很拥挤。因此将滚筒洗衣机嵌入到鞋柜的下柜里，柜台的上方可以摆放一些装饰品或者装饰画，既起到了点缀的作用，同时也柔化了洗衣机的生硬形象。

客厅沙发墙灰绿色硬包
参考价格 280~350 元 / ㎡
在小户型的客厅空间运用硬包装饰墙面，能在很大程度上提升空间的品质。在颜色上，以选择浅色或者中性色为宜，因为深色的硬包搭配，容易给小空间带来压迫感

树叶形沙发墩
参考价格 360~550 元 / 个

客厅长线吊灯
参考价格 800~1500 元 / 个

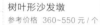

◄

楼梯的设计简洁大气

楼梯踏步的设计采用了镂空的形式，通过镂空可以看到楼梯下方的空间，使楼梯变得更为简约。楼梯扶手材质采用了通透明亮的钢化玻璃，因此不会阻挡下方向上方仰望的视线。楼梯两侧的白色设计，显得大气而有韵味。

白色浮雕玄关柜

参考价格　2800~3500 元 / 个

饰有浮雕的玄关柜不仅有收纳作用，而且也不缺乏装饰效果。白色的色彩搭配让玄关处更显透亮。高脚的设计形式，不仅让其更显轻盈，而且空出来的底部空间可以用于放置拖鞋，方便且美观

 小户型装修课堂

镜面墙的设计技巧

　　许多小户型为了让空间看起来更大，会在墙面选择镜面材料加以装饰，在延伸空间的同时还利用镜面的反射原理缓解了小空间的采光缺陷。需要注意的是，如果大量地使用镜面，会让空间显得过于轻盈，因此可以在空间里搭配自然温润的木质元素，不仅能为家居带来自然清新的气息，同时也拉近了人与空间的距离。

卧室墙面银镜

参考价格　260~350 元 / ㎡

◀

楼上卧室镜子的使用使空间感扩大了一倍

在卧室床头和楼梯之间的墙面一侧设计了一面镜子，起到了增大空间的效果。因为楼上卧室空间比较长，而且卧室只有一面窗户，空间的采光不是很好，因此镜子的设置也可以起到了提亮空间的作用。

⚠ 一物多用的地台设计

一物两用或一物多用是小户型家居设计的精髓，在小户型的空间里设计地台，不仅有划分空间的效果，而且还可以在地台下以及地台周边设置储存空间，充分地发掘出了小户型里的可利用空间。地台的用途非常多，而且以其多样的造型、丰富的层次美化了家居空间，使空间展现出高低错落、过渡自然的魅力。

卫生间中花白大理石墙面
参考价格 550~650 元 / ㎡

卫生间钢化玻璃隔断
参考价格 450~550 元 / ㎡

[半暖咖啡]

　　本案为不规则户型，承重墙较多，而且玄关及厨房空间较小，所以在格局改造上，利用墙体局部挪动和储物柜设计让空间变得方正。入户鞋柜、多处地台的设计，很大程度地增大了储物空间。书房及过道也重新调整了墙体，让过道有了背景墙，让视觉得到了缓冲。儿童房睡眠区的位置设计，最大限度地留出了儿童玩乐区。空间的整体色调以灰色和咖啡色为主，带来了如咖啡般的醇香，使人的心灵得到了满足。

建筑面积　110m²
设计公司　家语设计
设 计 师　陈小燕

 ## 小户型装修课堂

嵌入式玄关柜为小区域带来完美收纳

由于小户型面积有限，玄关空间通常也较为狭小，但是一些随身携带的物品需要在进门时找到临时安放之处，随意放在入门处会显得凌乱、扎眼，所以玄关空间的收纳需求不可忽视。选择小巧的嵌入式玄关柜，既能在进门处创造方便实用的收纳空间，也不会占用过多面积。玄关柜应和墙面以及衣架、镜子等配件保持风格统一，有助于形成小区域的整体感。

客厅地台的设计两全其美

在客厅阳台区域设计一个与客厅宽度一样的地台，并在地台下面设计了可以储藏物品的抽屉，提升了客厅空间的收纳效率。此外，将地台延伸到电视柜上，与电视柜形成一个整体，看起来既不突兀，也不占用空间，美观且富有整体感。

客厅透明玻璃吊灯
参考价格 1500~2000 元 / 个
小户型中运用透明玻璃吊灯，不仅能满足日常的照明需求，而且还能带来简约而精致的装饰效果。在灯饰的外观上，应选择简单并富有设计美感的造型为宜。

墨绿色懒人沙发
参考价格 420~650 元 / 个

电视墙白色文化石
参考价格 120~150 元 / m²
文化石在铺贴前，应先在施工墙面上相隔
30cm 弹一条水平线，以保证铺贴过程的水平。
然后把专用的粘接砂浆涂刷在文化石背面，压
实使石头四周挤出胶粘剂整体附实为准。最后
用调好的勾缝料进行勾缝，半干时把多余的勾
缝剂刮整齐，并清理多余的涂料

餐厅白色球形吊灯
参考价格 300~500 元 / 个

▲ 电视墙与餐厅墙面柜体设计相通

客厅地台上方有个下返梁，这个造型正好划分出了阳台与客厅
的空间。借着这个梁的下返高度，在电视墙上方设计一排储物
柜，并将柜体直接延伸到餐厅墙面的柜子，既不影响整体美观
性，又为空间增添了收纳功能。

▲ 嵌入式衣柜设计使空间整体感更强

为了让主卧室的视觉效果更加整体，将主卧的卫生间墙体延伸出来，并与衣柜宽度保持一致，形成一个嵌入式衣柜的空间。这样的设计既保留了墙体的整体性，也满足了卧室空间的储物需求。

客厅灰色护墙板
参考价格 220~300 元 / ㎡

角柜的运用技巧

角柜是集装饰收纳于一身的家具，而且其大小及样式可以根据空间的结构特点进行设计，能够达到完全贴合于墙面的效果，从而完美地将角落的空间利用起来。此外，角柜的造型样式非常丰富，尺寸的灵活性也很大，因此适用于各种风格空间的装修。需要注意的是，角柜在颜色上要与空间里的其他家具保持一致，以免造成视觉上的冲突。

卫生间门及过道墙体的调整使空间更方正

改造前卫生间的门在餐厅的墙面，既破坏了餐厅墙面的整体性，也占用了餐厅的储物空间。因此把卫生间的门改到过道空间，再把书房墙体改成与餐厅墙面平行，这样不仅可以充分地利用餐厅空间的墙面，而且在视觉上也更有层次感。

客厅柚木地板
参考价格 280-350 元 / ㎡

迷醉朝阳

　　本案空间的整体设计很时尚，半敞开式的书房以及厨房的玻璃隔断，不仅起到了划分空间的作用，而且还能保证室内的采光需求，从而让整个家居环境变得更加通彻透亮。空间的整体色调主要以温馨的暖色为主，加以碰撞的颜色做点缀，让整个空间显得更加活泼明亮。

建筑面积　90m²
设计公司　集叁设计
设 计 师　张正军

沙发墙撞色装饰画
参考价格 400~450 元 / 幅

现代环保创意棉纸灯罩落地灯
参考价格 450~500 元 / 个
选用纸质作为落地灯的灯罩材质，不仅能让灯
光的光线显得更为柔和，而且也很符合现代家
居绿色环保的设计理念

原木色复合地板
参考价格 150~200 元 / ㎡

钢化玻璃隔断
参考价格 450~500 元 / ㎡

▲ 厨房玻璃门的设计既美观又实用

考虑到中式烹饪的油烟问题，将厨房设计成封闭式，大
大地减轻了油烟对其他功能区的影响。采用透明玻璃作
为厨房与客厅之间的划分，既起到了隔断效果，又不影
响空间的通透性，而且还提升了厨房空间的采光。

餐厅现代创意斜口铝筒吊灯
参考价格 200~300 元 / 个

卧室米黄色壁纸
参考价格 80~150 元 / ㎡

在卧室空间运用米黄色的壁纸，能为睡眠环境制造温馨舒适的感觉。此外，米黄色壁纸能促进睡意的产生，有提升睡眠质量的作用

半敞开式书房的布局很巧妙

该户型没有单独可以作为书房的空间，因此在客厅中隔离出一个区域来作为书房。为了不影响整体客厅的空间感，设计师将书房设计成了开放的形式，并采用玻璃隔断将书房与客厅隔离成两个不同的区域。巧妙的布局能让整个房型变得更为精致。

书房蓝色烤漆玻璃
参考价格 220~300 元 / ㎡

◀

定制洗漱台提升收纳效率

洗漱台采用定制的大理石台面，并分为上下两层，可以存放较多的生活常用品。而且洗漱台下方的镂空设计也便于日常打理，并且在收拾卫生时也不会留下死角。

小户型装修课堂

洗漱台外移提升空间利用率

洗手、洗漱、日常清洁……洗手台对于家居生活的重要性不言而喻。把洗漱台独立出来设置在卫生间门口的过道上，这样不仅轻松地实现了干湿分离，提高了使用效率，而且过道处也不会感觉到拥挤。由于过道区域的采光通常不佳，因此可在洗漱台的上方增设照明。

美好的青春

　　该案例是一个单身公寓，由于面积比较小，所以装修材料选用了镜子、透明玻璃、水曲柳面板、黑金砂等材质，尽可能地采用材质搭配，让整个空间变得更大。本案的功能空间划分得很明显，显得独立而又完整。电视墙一侧一排的收纳空间，不仅能够使整个房间的东西变得整齐，而且也方便寻找。空间的整体配色以灰绿色为主，配上和煦的灯光，洋溢着青春活泼的气息。

建筑面积　40m²
设计公司　瞿英设计
设 计 师　瞿英

玄关两侧空间储物功能强大

入户玄关空间一侧是厨房柜子,一侧是通体鞋柜,空间显得很狭窄。而且还没有窗户,所以采光也不是很好。因此在进门处设计了一面大镜子,既提亮了空间,又方便出门时整理仪容。此外,在镜子的下方设计穿鞋凳,方便了进出门时的换鞋需求。

彩色乳胶漆
参考价格 20~25 元 / m²

黑金砂理石台面
参考价格 260~300 元 / m²

电视墙一侧的空间设计非常巧妙

因为小空间的储物空间不是很多,所以在电视墙的一侧设计了储物柜及展示柜,既增加了收纳功能,又有着设计上的美感。连接柜子的一侧是梳妆台和洗手盆的功能区,台面整体采用了黑金砂理石材质,易于打理。墙面上宽敞明亮的镜子,不仅在视觉上扩大了空间,而且也在一定程度上改善了空间采光。

几何镂椅子
参考价格 150~200 元 / 个

小户型装修课堂

开间隔断设计的注意事项

　　小开间户型的面积小、开窗少，通风采光都存在着较大的局限，因此不能设置过多阻挡视线的封闭隔断。尽量不在临近通风、采光的位置设置高大的隔断与家具，如果必须使用隔断，也应该使用不影响通风和采光的半开放式隔断来解决问题。除了实体隔断外，还可以通过墙面、地面、顶棚的材质、颜色、装饰的区别将不同的功能区域分隔开来。

⚠ 厨房玻璃隔断的设计通透明亮

因为厨房空间涉及油烟问题，所以采用了封闭式的设计。考虑到空间比较小，如果用实体墙做隔断的话，会使空间看起来更加拥挤，因此在客厅和厨房之间设计了玻璃隔断，既阻止了厨房油烟的扩散，又能使厨房空间显得宽敞明亮。

铁艺工业风吧台吊架
参考价格 550~850 元 / 个
吧台吊架在安装时要注意其间距，距离太近容易碰撞，距离太远则耗材较多而且也不美观。吊架不仅可以用于放置餐具、酒品，而且可以摆放一些工艺品摆件或绿植，以增加吧台上部空间的装饰效果

复合地板
参考价格 100~150 元 / m²

在选购复合地板时，要弄清商家有无相关证书和质量检验报告。相关证书一般包括地板原产地证书、欧洲复合地板协会（EPLF）证书、ISO9001国际质量认证证书、ISO14001国际环保认证证书，以及其他一些相关质量证书

⚠ **客厅与卧室之间的划分美观又实用**

由于小户型空间有限，所以经常需要在一个空间设计两个功能区。因客厅区域平时活动比较多，所以将其设计到了户型的中间位置，并在临近窗户的位置设计了卧室空间。为了划分客厅和卧室空间，在墙面上设计了一副装饰画，在视觉上起到了划分空间的作用。休闲吧台的设置，既可作为餐桌也能充当工作台使用，同时还起到了半开放式的隔断效果。

吧台区大幅黑白装饰
参考价格 350~450 元 / 幅

初夏荷塘

　　该案例为单身公寓，由于面积有限，除了卫生间，卧室、厨房和客厅都处于同一空间，但并不是杂乱无章的布置。厨房和客厅空间，以地面材质的不同来进行划分。卧室和客厅使用了同一材质的衣柜和电视柜，显得自然且完整。整体空间风格偏北欧风，整体配色以灰绿色为主，并在局部墙面加以黄色点缀，显得清新自然，温馨舒适。

建筑面积　42m²
设计公司　瞿英设计
设 计 师　瞿英

衣柜和电视柜的结合美观又实用

衣柜采用了拉门的形式，比较节省空间。沙发的对面是电视墙，为了让空间看起来既整体又美观，衣柜的柜体和电视柜采用了同一材质，并将它们结合起来设计为一个整体。电视墙上错落有致的隔板，既起到装饰作用，又将衣柜的侧面完美地遮挡，从而减轻了衣柜的厚重感。

北欧简约 loft 创意吊灯
参考价格 100~160 元 / 个

厨房绿色烤漆玻璃墙面
参考价格 260~350 元 / ㎡

厨房灰色地砖
参考价格 200~260 元 / ㎡
厨房作为家庭中的一个特殊空间，在装修时也有着特殊的要求。尤其在选择地砖的时候，不能选择太过亮丽的颜色，不仅不耐脏，而且不易于打理。因此，灰色地砖是装修厨房地面时的极好选择

小户型装修课堂

利用移门收纳柜增加小户型收纳空间

　　将收纳柜设计成移门的形式，不仅可以节约空间，而且还加强了空间的整合感。因其使用滑动门，需要量身定做，并且制作的过程简便，所以在便利度、结构稳定、空间利用率、性价比等方面都占有绝对的优势。目前市场上使用的移门边框材料有碳钢材料、铝钛合金材料等，铝钛合金材料韧性高，而且坚固耐用，是用于移门边框最好的材料。

利用橱柜下方空间收纳厨房电器
橱柜的上柜是整面墙的柜体，可以存储一些生活物品。下柜则预留了一些空间，用于放置冰箱，显得完整又美观。在厨房台面下方邻近冰箱的一侧设计了一个洗衣机的空间，既避免了洗衣机占用卫生间空间，又不会影响厨房台面的日常操作。

北欧风格实木复合地板
参考价格 180~240 元 / m²

◀

折叠餐桌满足多人就餐需求

在厨房空间入户方向的墙边设计一个小小
的餐厅区域。餐厅区域墙面采用了亮黄色
和黑色黑板漆的设计，显得温馨而沉稳。
因为空间比较小，所以餐桌采用了折叠式
设计，既可当休闲吧台使用，打开后又可
以满足多人聚餐的需求。

创意家居个性林克挂钟
参考价格 290~350 / 个

餐厅个性的可涂鸦墙面
参考价格 100~150 元 / m²

白色可折叠餐桌
参考价格 2000~2500 元 / 个

在小户型的厨房里设置一张白色的折叠小餐桌，
既清爽干净也很方便实用，并且对于放置的位置
也很灵活。此外，还可以在折叠餐桌上摆放一株
小绿植，能为厨房空间增添色彩和生气

小房子大享受

　　为了弥补传统公寓与复式公寓的不足，把传统平层公寓与复式公寓两者合二为一。将仅有 3.5m 高、35m² 大的平层公寓，转变成五脏俱全的小型复式公寓。该案例利用了空间的错落感，打破了传统的公寓空间限制性，不仅极大地提升储藏空间，而且合理地将空间进行了分区。本案的最大亮点就是将所有可以利用的空间转化为储藏间，让家居拥有巨大的储藏能力。

建筑面积　35m²
设计公司　名艺佳设计

烤漆创意置物架 /
参考价格 150~300 元 / 个
置物架是小户型收纳家居杂物及小物品的好帮手，
置物架以白色作为配色，减轻了小空间的拥堵感。
开放与封闭混合的设计形式，让置物架的收纳功
能更加多样化

灰色亮光地砖
参考价格 220~100 元 / m²

小户型装修课堂

挂墙式置物架的设计技巧

　　小户型的空间往往较为局促，而且现代家庭生活的日常用品却越来越多。因此设置可以收纳日常生活用品的置物架，能在一定程度上缓解小户型的收纳压力。将置物架设计成挂墙式，不仅不占用地面空间，而且能让整体空间更显通透。此外，置物架一般是开放型的结构设计，能令储物一眼可见，方便取放。

⚠ 客厅区域地台的设计使上楼的楼梯更加合理
　　卧室空间在楼梯的上方，因此需要 8 步楼梯踏步上去。但因为空间比较小，8 步楼梯踏步如果直上的话，既不美观而且浪费空间。因此在客厅设计了一个两步高的地台，然后在地台上设计通往卧室的楼梯，既整体又美观，而且地台上方也是一个很好的休息空间。

沙发墙装画
参考价格 200~300 元 / 个

实木复合地板
参考价格 150~200 元 / 个
实木复合地板通常幅面尺寸较大，而且可以不加
龙骨而直接采用悬浮式方法安装，大大地减少了
安装的成本和时间。此外，还避免了因使用龙骨
而引起的产品质量事故

张牙舞爪鸭嘴双头壁灯
参考价格 400~500 元 / 个

▲ 楼上卧室储物空间的设计很整齐

卧室空间的衣柜设计，延伸到了床头上方的整面墙，并与两侧墙体形成一个整体。
柜体采用了白色，与墙面颜色形成了统一。衣柜的设计既不占用床的位置，而且
还与整体空间在视觉上形成了统一。

白色烤漆柜子
参考价格 900~1100 元 / m²

◀ 卧室下方墙体的设计功能很强大

卧室下方是一个餐厅的空间，设计师在餐厅空
间做了一个隔断墙，既划分出了一个储藏间，
也对楼上的卧室起到了支撑的作用。此外，在
墙面酒柜造型的下方设计了一个与餐桌宽度一
致的伸缩口，增加了餐桌的灵活性。

墨染无痕

　　本案风格为现代美式风格，原始格局的缺陷是没有餐厅空间，因此需要对格局进行重新规划。卫生间位置的改动，很合理地规划出一个餐厅的空间。将厨房和女儿房的墙体进行缩减，既满足了自身空间的需求，又带来了更多的储物空间。整体空间的造型设计很有层次感，材质与灯光以及自然采光的搭配，使整体空间区域显得更加明朗。

建筑面积　75m²
设计公司　上海季洛设计

◀

玄关墙体的改动让玄关多出了衣柜空间

在进门处的墙体上缩减出一个挂衣柜的宽度，这样的设计为玄关空间增加了挂衣柜、换鞋凳以及鞋柜的储藏功能。挂衣柜采用了镜柜门，既满足了日常的着装使用需要，也增加了玄关的采光与空间感。

玄关地面拼花
参考价格 500~620 元 / ㎡
用仿古砖拼花作为地面的装饰，能为家居空间带来浪漫、典雅、精致的装饰效果，从而提升了家居空间的观赏性与艺术性，同时还呈现出了大气高贵的感觉

客厅沙发后卷帘
参考价格 150~200 元 / 个

钟表
参考价格　80~120 / 个

卧室门的改动增加客厅饰品展示空间

将原始主卧的门洞方向改到女儿房的方向，再利用原来主卧的门洞厚度朝客厅方向设置一个书架，满足了客厅装饰品的摆放需求，而且这样的改造使主卧空间多出了一个衣帽间，从而带来了更强大的储物功能。

▼

卫生间位置改为餐厅使空间的完整性更好

为了扩大原客厅的面积以及增加独立餐厅的功能，把原卫生间处改造成了餐厅空间。餐厅卡座的设计既节省了餐厅的空间，又增加了空间的储物功能，同时还增加了客厅的采光。

▼

餐厅黑色吊灯
参考价格　2000 元 / 盏

 小户型装修课堂

餐厅卡座的设计要点

　　小户型的面积有限，每寸空间的设计都要精打细算。在餐厅选择卡座式的餐桌，不但不占空间，而且能合理地把墙边空间利用起来作为收纳，一些不太常用的东西可以放在这下面，比如换季的鞋子和杂物。此外，卡座本身所呈现出的小资气质，还能为家居空间营造出别样的情调。

厨房玻璃拉门
参考价格 450~500 元 / ㎡

灰色地板
参考价格 100~150 元 / ㎡

◄

儿童房的设计使空间更具互动性与功能性

儿童房书桌和卡座的结合，让狭小的卧室空间更具互动性和功能性。柜体颜色的结合让整体空间更具色彩对比。不同色彩以及软装的结合，让儿童房空间倍感活泼而不失温馨感。

 小户型装修课堂

卫生间洗漱镜保养小妙招

　　卫生间的洗漱镜上经常会出现水斑，不仅影响美观而且会在使用时阻碍视线。可以用一小块棉花沾白酒轻轻擦拭镜面，不但可以去除水斑，还能去污，让镜子光洁明亮。对于镜面上比较顽固的污渍，则可以在抹布上蘸少量煤油来进行擦拭。在日常使用过程中，还应注意避免将酸碱性物质以及油脂沾染到镜面上，否则会对镜面造成腐蚀。此外，在清洁镜面的时最好使用柔软不掉毛的抹布来擦拭，以免在镜面上留下毛絮，影响镜面的整洁。

挪威森林

　　本案空间虽小，但每一个空间都是独立的。客厅区域拐角处飘窗和地台的设计，在增强空间感的同时还增加了收纳功能。空间中多处采用了透明玻璃和镂空式的隔断，既起到了装饰作用又不影响采光。整体空间的色彩以浅灰色为主，营造出了放松舒适的空间氛围。

建筑面积　62m²
设计公司　印堂设计

小户型装修课堂

利用过道增设玄关功能

由于很多小户型没有独立的玄关，所以如何利用门口的过道打造一处具备玄关功能的空间，就成了小户型家居设计的重点。比如可以选择小柜子作为换鞋凳，其内部可以用于收纳，一物两用，充分地利用了空间。还可以在门边的墙壁上下功夫，如在墙壁上装些挂钩或者简易的衣帽架，可以用于挂包、钥匙、雨伞等，精致小巧的设计能让小空间的收纳功能更为强大。

小户型装修课堂

巧用射灯烘托小空间艺术气息

在家居空间使用射灯，不仅可以改善小户型的采光，而且可以突出室内的整体装饰效果。光线直接照射在需要强调的装饰品及画作上，可以提升装饰区域的艺术气质。由于射灯可自由地变换角度，因此组合照明的效果也千变万化，既可对整体照明起到主导作用，又可以用于局部采光，烘托家居气氛。

旋转电视架的设计很方便使用

由于客厅是细长的长方形，而且放电视的那面墙与沙发还是斜对着的，因此坐到沙发上看电视时视觉效果会很不舒服，为了解决这个弊端，为电视设计了一个可旋转方向的支架，这样无论在沙发区域还是休闲区域看电视，都可以对电视架的角度进行调整。

可旋转方向电视架
参考价格 300~500 元 / 个

客厅树枝形状落地灯
参考价格 500~600 / 个

◁

厨房吧台的设计既分隔空间又可用于就餐

厨房采用了 U 形的设计，U 形厨房的优点是有足够的储藏空间。但也存在着一定的缺陷，如没有就餐位置、不方便与厨房进行互动等。因此在厨房橱柜上延伸一个吧台，不仅划分出了厨房与客厅的空间，又可作为餐桌使用。

白色毛绒地毯
参考价格 300~350 元 / 个

毛绒地毯以其亲肤的触感，以及柔顺舒适的材
质特点，为家居空间营造出了温馨舒适的氛
围。此外，由于毛绒材质容易沾染灰尘，因此
需对其进行定期的清洁打理

卧室黑白花纹壁纸
参考价格 60~100 元 / ㎡

卧室床头两侧的木质饰面板
参考价格 285~300 元 / ㎡

在卧室空间利用木饰面装饰床头背景墙，营造
出了温馨自然的空间氛围。简洁大方的质感，
展现出了纯粹而平凡的装饰品质

◀
卧室阳台空间的利用很充分

卧室空间有两个阳台，并且光线很充足，适合晾晒
衣物。因此将洗衣机与阳台柜进行结合设计，既可
存放洗衣用品又方便清洗衣物，而且阳台空间采用
了地板纹理的瓷砖铺贴，既防水防潮又易于打理。

卧室阳台地板砖
参考价格 150~200 元 / ㎡

卫生间六边形瓷砖
参考价格 450~500 元 / ㎡

[复古工业风

　　该案例设计风格为工业风，工业风的风格特点是既有个性，又有旧仓库的艺术气息。在设计手法上，采用了原生态的设计元素，如客厅沙发墙及餐厅墙面利用了部分拆除的手法，并采用了黑白的配色形式，尽显原始美感。此外，巧妙地裸露原始红砖，再搭配老家具、工业风吊灯等装饰，让空间更具工业风的韵味。

建筑面积　82.5m²
设计公司　奇拓设计

95　|　文艺清新
小户型空间改造创意设计全书

客厅轨道灯
参考价格 450~500 元 / 个

轨道灯一般设置在客厅的休息区里，并和沙发、茶几以及装饰品形成配合。一方面满足了该区域照明需求，一方面能够形成特定的环境氛围。需要注意的是轨道灯不宜放在高大家具旁或妨碍活动的区域内

黑白色的潘顿椅
参考价格 150~200 元 / 个

黑色亚光漆
参考价格 80~150 元 / ㎡

黑色装饰品小鹿摆件
参考价格 80~120 / 个

小户型装修课堂

兼具装饰及收纳功能的木箱茶几

　　木箱茶几的结构造型简洁明了，不会给小户型的空间带来压力，而且木箱内部也是收纳物品的好去处，能将日常的小物件隐藏于无形之中，在很大程度上缓解了小客厅的收纳压力。此外，木箱茶几材质环保，外形简单新颖，因此还具有一定的装饰效果。

⚠ **餐厅墙面柜子的设计很有整体性**

为了能更有效地利用餐厅空间，在餐厅墙面设计了一整面墙的原木色柜子，并在柜体上设计了可以放置装饰品的格子空间，使整体看起来更为灵活且富有层次感。而其余的空间则可以收纳一些生活物品。

原木色实木复合地板
参考价格 150~200 元 / ㎡
实木复合地板的耐磨性比一般的地板强 10~30 倍。除此之外，还有抗冲击、抗静电、耐污染、耐光照等功能

▶
L 形橱柜的设计增加了更多的存储空间

厨房空间很狭小，橱柜采用了 L 形的设计形式，而且还在墙体的一侧设计了一个嵌入式烤箱的空间。柜体采用了上柜白色，下柜原木色的配色形式，整体色调清新而富有层次。L 形橱柜的设计还避免了炉具和水盆在同一个台面的尴尬，而且还多出一个可以放置嵌入式微波炉的空间。

厨房灰色烤漆玻璃
参考价格 260~350 元 / ㎡

厨房拉门的设计透光又时尚

厨房和餐厅之间设计了透明玻璃拉门，拉门的样式由不规则的黑色边框构成，与整体风格形成统一，而且玻璃的材质不影响厨房的采光。拉门的上轨滑道设计，既不破坏地面，又节省了平开门的关开空间。

一米阳光

　　该案例格局比较方正，整体风格清新自然。功能上给它设计了很强大的储物空间，像入户的鞋柜、客厅窗台收纳柜、生活阳台储物柜、次卧的大衣柜和榻榻米等都很实用。主卧室的投影仪，带来了更好的节目观赏效果。客厅区域的吊灯、装饰画以及创意隔板的陈设搭配，让空间更富个性。阳光照进窗台，带来了温暖清新的气息。

建筑面积　70m²
设计公司　清羽设计

小户型装修课堂

墙面搁板的设计要点

　　搁板置物架在小户型中极为常见，其结构简单、轻便，不仅有收纳作用而且放置饰品后还具有一定装饰效果。设置搁板时应优先考虑其承重能力，尤其是放置书籍或较重物体的搁板，一般托架式、斜拉式搁板的支撑力较强因此可以优先考虑。搁板的好处在于以其小巧的身躯可以在墙面上开辟出更大的可利用空间，可收纳、可展示，一物多用，因此也自然地成了小空间最受欢迎的墙面收纳设计。

⚠ **餐桌的设计也可充当休闲的吧台**

　　客厅和餐厅设计在同一个空间，餐桌摆放在沙发的一侧，不仅加强了空间的纵深感，而且既不占用空间又可容纳多人就餐。还可以将餐桌区域作为看书、喝咖啡的休闲空间。

客厅白色单体沙发
参考价格 1200~1800 元 / 个

客厅多头吊灯
参考价格 1000~1500 元 / 个
在客厅搭配多头吊灯，大大地提升了吊灯装饰的□性。高低错落的玻璃灯泡，白天可投射阳光成为□中亮晶晶的焦点，夜晚则散发出群星闪耀般的光□

创意隔板
参考价格 500~600 元 / 个

灰色墙漆
参考价格 15~20 元 / ㎡

原木色地板
参考价格 80~150 元 / ㎡

▲ **主卧空间的美观设计解决了户型的弊端**

主卧室的飘窗可以作为看书或者观赏风景的休闲空间。由于原户型卫生间的门和床是对着的，十分不合理。而且也没有柜子作为卧室收纳，因此设计师通过设置一个小隔断，利用最小的改动解决了主卫门正对主卧床的弊端。此外，还在隔断的一侧设计了储物空间，满足了卧室空间的收纳需求。

投影仪

参考价格 3500~4500 元 / 个

大部分投影仪都会使用金属卤素灯，点亮时灯丝处于半熔状态。因此在开机状态下严禁振动，防止灯泡炸裂。停止使用后也不能马上断开电源，要让机器散热完成后自动停机。另外，减少开关机的次数也能减轻灯泡的损耗

次卧室衣柜下方的镂空设计很人性化

次卧室空间虽然很小，但也需要储物和休息空间，所以在榻榻米上方设计了衣柜，因为空间宽度有限，衣柜如果落到榻榻米上方，人的伸缩空间就有点紧张了。因此榻榻米下方进行了镂空的设计，既可作为存储空间，又给人提供了伸展空间。

🔍 小户型装修课堂

厨房挂钩的运用技巧

挂钩是厨房里常见的小部件，不仅有着强悍的收纳功能，而且轻便不会占用太多厨房空间。挂钩根据结构的差异可分为钓钩、挂钩、带钩等。不同类型的挂钩，其承重力也不同，因此在选择挂钩时要先考虑好是用来悬挂重物，还是用于挂置一些比较轻的物品。如果是用来挂重物，则应选择承重能力强的挂钩。

荷塘月色

　　该案例由一室一厅组成，设计师根据户型特点，以清爽、舒适为基调进行了设计。灰绿色沙发墙映衬着原木色地板，简洁的木色电视柜与鞋柜和客厅书桌形成统一。在客厅的阳台区域设计地台，让空间更有视觉效果，并给人眼前一亮的感觉。再配上柔和的灯光，营造出了一个热情舒适的环境。

建筑面积　52m²
设计公司　清羽设计

小户型装修课堂

小户型客厅飘窗的装饰要点

　　在小户型中，如果客厅空间不大，可以尝试把飘窗改造成一个小型的娱乐休闲空间。只要在飘窗中间摆一个小茶几，左右各摆一个软软的团垫，就可以在这个闲适的小空间里和朋友一起喝茶、下棋、谈天说地。而且飘窗区域不仅通风采光极好，视野也非常通透，因此还可以在飘窗上欣赏窗外的风景。

阳台休闲桌椅
参考价格 500~650 元 / 套

客厅墙面灰绿色乳胶漆
参考价格 15~20 元 / ㎡
使用绿色乳胶漆粉刷客厅的墙面，能让整体空间看起来显得清新自然，并且带来了田园般的亲切感。乳胶漆在施工前，应先除去墙面所有的起壳、裂缝，并砂平凹凸处及粗糙面，然后将墙面冲洗干净，待完全干透后再进行涂刷

客厅白色台灯
参考价格 150~200 元 / 个

◄
书房空间的设计非常合理

客厅区域的空间还是够宽敞的，除去放置沙发的空间，在临近厨房的方向还有些空间可以利用。在这个区域设计一排柜子，并在柜子上设计一个可供工作的书桌空间。书桌上方的置物架，有着强大的收纳功能。

卧室白色吊灯

参考价格 300~500 元 / 个

睡眠空间的灯饰搭配，应以简约清爽为主。一盏白色半球造型的简约吊灯，给清新文艺的卧室空间增添了恰到好处的活力

客厅的鞋柜既能储物又起到隔断作用

原始户型的入户没有放置鞋柜的空间，因此在入户的左手面墙体设计了一个竖着摆放的鞋柜，鞋柜既充当了隔断功能又可供储物使用。此外，在鞋柜和卫生间之间的距离设计了一个浴室柜，使卫生间得以干湿分离。这样的设计不仅充分地利用了空间，又能让卫生间显得更宽敞。

厨房正方形白色墙砖
参考价格 95~120元/㎡

淋浴区挡水石的设计给生活提供了便捷

因为浴室柜放置到了卫生间的外面，所以卫生间的空间还是很宽敞的。因此可以设计专门的淋浴区，而且淋浴区设计了与瓷砖颜色一样的灰色挡水石，很好地避免了在淋浴时水的外流。

卫生间灰色红砖形状瓷砖
参考价格 100~150元/㎡

[小空间大收纳

　　该案例是一个带阁楼的公寓，楼上是卧室空间，虽然不大但功能很齐全。床头设计了一组书架，层架底板用镜面装饰，拓展了空间的进深感。楼梯下方的空间把收纳柜进行了合理的切分，很美观也很实用。空间的整体色彩简洁而素雅，再搭配些原木色系的家私及灯饰，让空间饱含禅意的氛围。

建筑面积　50m²
设计公司　太谷设计

小户型装修课堂

开放式收纳柜的设计技巧

对于小户型家居来说，开放型的组合式收纳柜是非常明智的选择。将其划分出不同的空间，不仅能随意自如地收纳物品，而且还能摆放饰品作为展示区。此外还可以在开放的收纳柜上搭配储物盒与储物箱，在其外部贴上标签，有序摆放起来进行分类储物，打造出更为方便高效的收纳模式。

客厅收纳柜的设计恰到好处

客厅区域设计了一组简洁大气的收纳柜，并且将它巧妙地嵌在墙体里，因此不会占用客厅区域的活动空间。收纳柜上错落有致的层架，增加了收纳小物件的空间，不仅满足了装饰和收纳的需要，而且也给客厅区域营造出了一个富有生活气息的角落。

沙发墙米色壁纸
参考价格 50~120 元 / m²

沙发墙上金色花型装饰
参考价格 300~450 元 / 套
金色的花型装饰品以其金色的配色和花朵的造型，为家居的墙面空间带来了富有品质及生命力的装饰效果。需要注意的是，在小户型中，金色的应用应以点缀为主，大面积的使用会给小空间带来臃肿的感觉

玻璃拉门巧妙划分客厅与卧室空间

为了划分客厅和卧室的空间，设计了一个黑色边框的玻璃拉门作为隔断。玻璃拉门在白天的时候可以打开，这样不会影响客厅的采光。晚上的时候将其封闭为卧室营造出一个私密的空间。此外，玻璃拉门还起到了很好的隔声作用。

黑色边框玻璃拉门
参考价格 550~650 元 / m²
玻璃拉门有着时尚、美观、富有艺术气质等特点。而且玻璃拉门不仅能起到隔声、分隔空间的作用，还可以使家居空间看起来宽敞明亮

客厅地面灰色地毯
参考价格 350~500 元 / 个

卧室衣柜的设计合二为一

卧室空间的衣柜设计，没有像传统方式那样将衣柜放到床的一侧，而是将衣柜放到了床头的对面，并利用空间的高度一分为二。为了避免衣柜看着呆板，在中间嵌入一组精致的层架，可供平时工作以及读写使用，这样的设计也使卧室空间多出了一个书房的功能。

卧室浅灰色硬包
参考价格 280~350 元 / m²

卧室床头白色吊灯
参考价格 200~350 元 / 个

［宁静致远

　　本案例以仿古砖、硅藻泥、竹子、实木地板、原木为主要用材。为了保证整个空间的采光和通风，在设计上采用了虚实流动的分隔手法，让人在身处其中时能放松心情，静静地思考，禅意无穷。此外，为了保证收纳空间，在不影响使用的前提下，在两侧的墙上、榻榻米的周围做足了柜体，满足了家居生活的各种收纳需求。

建筑面积　40m²
设 计 师　王鲁平

玄关棚面免漆桑拿板
参考价格 150~200元/m²
桑拿板是一种原用于桑拿房的原木板材，一般以插接式连接，
因此比较容易安装。由于桑拿板经过了高温脱脂的处理，因此
能耐高温，而且不易变形

嵌入式鞋柜不占用过道空间

入户玄关空间设计了厨房使用的水盆和灶台，形成了
一个厨房空间。右边墙面凹进去一部分，让鞋柜嵌入到墙
面，这样既不会影响整体的空间格局，也不会占用过道
空间。

电视墙和沙发墙柜子相呼应

电视墙和沙发墙都设计了高低错落的柜子，形成了强大
的储物空间。柜子造型的设计很有层次感，既可以摆放
小的装饰品，又可存储杂物。此外还在电视墙的位置设
计了一个休闲吧台，并利用了吧台的下方空间放置洗衣
机，整体空间的设计显得非常高效合理。

小户型装修课堂

原木营造家居自然氛围

对于小户型来说，不需要太过复杂的装饰，原木的运用就可以轻松地打造出家居的舒适感。原木以极其贴近自然的暖心色调，让人倍感温馨，而且有一种与自然交换心情、回归生活本真的感觉，在给空间增添暖意的同时，又为生活平添了浪漫与温情。

客厅仿真黄色花瓶
参考价格 150~200 元 / 个

木质三腿茶几
参考价格 350~500 元 / 个

榻榻米空间木质镂空吊灯
参考价格 300~800 元 / 盏
木质灯饰都是有生命的，在成为灯饰之前，仿佛已经经历过了时间的洗礼，带着浓郁的沧桑与故事，让家居空间充满着亲切的神秘感

墙面米色横纹壁纸
参考价格 50~100 元 / ㎡

▲ 巧设升降桌为小户型带来多功能

在榻榻米上设置升降桌，可以实现一个房间多种功能的效果。将升降桌升起房间就可以做书房，茶室，接待朋友打牌、聊天等；将升降桌降下，铺上床被则可以充当客房或休息室，满足了小户型家居的多种需求。升降桌的设计使家居在现有的面积上最大限度地拓展了室内空间。另外，还可以将榻榻米地台设计成多个格子空间或是抽屉的形式，利用地台的高度空间来储物收纳，有效地缓解了小户型的收纳压力。

卫生间墙面马赛克

参考价格 500~650 元 / ㎡

未央之漾

本案在结构上把过道位置以及主次卧共享的墙体做了改动。不仅增加了主卧的储物空间，而且还将卫生间进行干湿分离，此外，还增加了一个放置钢琴的空间。咖啡色墙面与胡桃色地板的配合，显得十分优雅时尚。整体空间以木质纹理的优美含蓄，以及壁纸的朴素大方，创造出了一个富有巧克力韵味的家庭环境。

建筑面积　90m²
设计公司　上海季洛设计
设 计 师　李戈

沙发墙铁艺荷叶壁挂 荷花壁饰
参考价格 60~200 元 / 个（大小有区分）

墙面浅咖啡色壁纸
参考价格 60~100 元 / ㎡

⚠ 将客厅区域的阳台空间划分为晾衣区域

客厅阳台空间没有打通，而是采用了玻璃拉门分隔为
晾衣服的空间。玻璃拉门的使用既不影响客厅采光，
又能防止晾衣服的潮气进入客厅。阳台区域设计了电
动晾衣架，操控简单省力，而且还集自动升降、照明、
消毒、干衣等功能与一体。此外电动晾衣架的外形十
分美观，装在阳台上也可成为一件家居装饰品。

卫生间干湿分离处雕花隔断

参考价格 280~350 元 / m²

雕花隔断一般都是为了能够更好地分隔空间，让空间布局更加合理。但是不是每一个空间都适合用雕花隔断，因此要根据实际情况来确定

电视墙木纹造型

参考价格 200~300 元 / m²

电视墙黑色镜子

参考价格 150~200 元 / m²

小户型装修课堂

贴心实用的儿童双层床设计

由于小户型空间有限，没有条件设置多个儿童房，如果家中有两个孩子，许多家长都会让年幼的孩子生活在同一个房间，因此双层的儿童床就成了必备的选择。现在的双层床款式多样，已经不是以前那种床上架床的呆板设计了，比如将下床的空间设计得大一点，让身处下床的孩子减少压迫感，小小的细节却颇为贴心。

多彩的儿童房设计

在儿童房中可以尽可能多地设计收纳空间，如收纳篮、收纳架、收纳凳等，能够最大限度地收纳孩子的零碎物品。这样不仅保证了房间的整洁，而且能让孩子拥有一个最佳的成长环境。此外，童年时代的想法大都天马行空，在儿童房装修时，可以采用丰富、充满童趣的图案进行装饰，打造童趣十足的儿童房空间。

儿童房上下铺

参考价格　3000~5000 元 / 套

儿童房上下铺的设计虽然会令孩子缺少私人空间，但是对于培养孩子之间的亲密感情还是非常有好处的，而且还解决了小户型功能区不足的缺陷

餐厅黑心异形吊灯
参考价格 150~200 元 / 个

◄

卫生间的干湿分离设计增加了客厅的空间

将卫生间墙体改动使卫生间空间缩小，然后把水盆放到卫生间对面，做成干湿分离。为了增加干湿分离空间的采光，用镂空隔断进行了空间划分。浴室柜侧面设计了整面的装饰画，给人感觉十分亲切。

[mini 生活不简单

  该案例是一个小公寓，有单独的卫生间、厨房、餐厅、吧台、客厅、卧室。设计师利用隔断和彩色乳胶漆，将狭长的原户型按照功能区域切分开。卧室采用胡桃木色的床和金色床头柜相配，为了契合卧室的主格调，卧室的壁灯和吊灯也选用了金色金属加玻璃的材质。深色系的卧室配色富有质感，而且也更容易让人进入深度睡眠。

建筑面积 90m²
设计公司 熹维设计

吧台灯泡吊灯

参考价格 150~200 元 / 个

吧台吊灯的悬挂高度，直接影响着光的照射范围。过高显得空间单调，过低又会造成压迫感。因此，只需保证吊灯在用膳者的视平线上即可

黑色吧台椅

参考价格 300~500 元 / 个

小户型装修课堂

客餐厅一体式设计的要点

　　客餐厅一体化的设计，是小户型家居最为常见的空间布局。可以选择既有装饰性又具备实用性的隔断来划分客厅和餐厅，比如可以设计一个小吧台或是卡座作为客餐厅之间的隔断，让家居环境看起来更加温馨且充满设计感。此外还可以在吧台或卡座下方设置柜子用于收纳、摆放装饰品，让空间看起来更加干净、美观。

白色护墙板

参考价格 220~300 元 / ㎡

圆形小茶几

参考价格 350~500 元 / 个

小户型装修课堂

在吧台增设吊灯的作用

在不同的空间搭配不同的灯饰，不仅能满足基本的照明需求，而且还能为空间营造别样的光影效果。客餐厅一体的小户型家居，如果用吧台作为客餐厅之间的隔断，则可以考虑在吧台上方设置简易的吊灯。不仅丰富了吧台上方空间的视觉装饰，还加强了两个功能区之间的隔断效果。

彩色乳胶漆
参考价格 20~30 元 / ㎡
乳胶漆一般分为底漆和面漆。如果想要涂刷墙面，正常的涂刷流程为先做墙面刮腻子的处理，然后再刷底漆和面漆，底漆主要起封固和防碱的作用

▶

吧台的设计兼顾了休闲和用餐两个功能

因为房子空间有限，如果放置正常的餐桌和餐椅，则会显得很拥挤，而且会占用沙发的空间。所以设计师设计了一个 U 形的吧台，兼顾了休闲和用餐两个功能。此外 U 形吧台的下方还可以做储物收纳，一举三得。

简约造型的床头圆几

参考价格 200~500 元 / 张

如果觉得在床头搭配床头柜太占空间，那么利用一张小圆几代替床头柜会是一个非常不错的选择。简约的造型让卧室空间显得更为清新，几面能放置书本、茶杯、手机，而且圆润的造型也很好地避免了安全事故的发生

▲ **玻璃拉门隔断既能划分空间又不影响采光**

在客厅和卧室之间设计了玻璃拉门进行空间划分。因为窗户在卧室空间，玻璃材质的拉门可以保证客厅的采光，而且在拉门一侧设计了拉帘，可以让卧室空间随时自由地封闭。此外，拉门可以拉到墙体的两侧，保证了过道空间的宽敞。

卫生间灰色瓷砖
参考价格 10~150 元 / m²

▶

利用卫生间水盆下方空间放置洗衣机

对于小户型家居来说，洗衣机洗手盆一体柜设计无疑是首选。既能保留水盆的功能又使洗衣机不占用卫生间的额外空间，而且洗衣机上方的台面空间也可以放置物品。卫生间选用了灰色瓷砖墙面，搭配白色的大理石台面，给人以明亮整洁的美感。

悠然之家

　　家居空间需要干净且纯粹的氛围。该案例的客厅和厨房空间，利用了线条简单的白色餐桌进行划分。电视墙也没有过多的装饰，黑白灰的搭配干净又富有层次感。沙发后面的书房空间利用百叶窗划分，让自然光能够从客厅进入书房，从而让家居空间可以收获更多的阳光。

建筑面积　82m²
设计公司　夏沐森山设计
设 计 师　张智琳

电视墙意大利灰理石
参考价格 220~300 元 / ㎡

电视墙烤漆板
参考价格 300~350 元 / ㎡

原木墩茶几
参考价格 500~600 元 / 个
原木墩茶几以其自然淳朴的气质给人留下了深
刻的印象。此外，如需移动木墩茶几时，应注
意要轻拿轻放，因为原木材质比较易刮花，
在搬动过程中难免会碰到尖锐的硬物，这样会
在茶几上留下划痕

餐桌上方白色吊灯
参考价格 150~200 元 / 个

厨房淡蓝色烤漆玻璃
参考价格 280~320 元 / ㎡
烤漆玻璃是一种极富表现力的装饰玻璃品种，其装饰效果
一般通过喷涂、滚涂、丝网印刷或者淋涂等方式来体现

 ## 小户型装修课堂

客厅书房一体式设计的采光设置要点

客厅是用于接待客人或家人活动的空间，而书房则是用于学习工作的场所，本不该放在一起。但是小户型面积有限，没有多余的空间设立书房，因此可以在客厅中腾出一个位置作为书房空间。在客厅设立书房应注意两个功能区的色彩搭配，并且要合理地利用好空间的结构特点，将书房完美地融入客厅中。此外，由于书房需要良好的光线，因此应设立在采光较好的位置。

▲ **书房空间的设计安静自然**

客厅空间比较大，为了不造成空间浪费，在沙发后面设计了一个书房区域。书房书桌的高度和沙发靠背持同一水平线，显得整体有序又不失美感。书房与客厅中间用白色百叶窗划分，既保证了书房的采光，也可以使空间看起来更有通透感。

书房黑色隔板
参考价格 200~280 元 / 个

◄

简洁的卧室壁挂式电视柜

卧室电视墙的设计，采用了石膏板造型结合竖条黑色的哑光皮纹砖，整体造型简洁，线条流畅。将电视柜嵌入墙面的柜子，柜子和墙体很好地融合到一体，不仅不占用地面空间，而且更易于打理。此外，柜子的上方还可以放一些摆件，使空间内容更加丰富。

◄

洗手盆台面的设计增大卫生间的视觉效果

卫生间水盆没有设计落地的柜体，而是以墙体为支撑，用红砖砌出一个台面，这样水盆就不会占用地面的空间，使卫生间更易于打理。台面材质为高档的灰色理石，与卫生间灰色墙砖相互呼应，让空间显得更有质感。

盛开的蔷薇花

　　该案例在空间布局上给人带来了意想不到的惊喜，在顾及功能性的同时又毫不掩饰地突出了时尚感。开放式的空间，可以说把每一寸空间都利用得恰到好处，并且在软装和材质上划分出了明显的空间区域。整体空间清新自然，简洁大气，随处洋溢着温馨的气息。

建筑面积　63m²
设计公司　星翰设计
设 计 师　郭斌

原木色地板

参考价格 180~220 元 / ㎡

原木色地板清新自然，能够营造出一种温馨的氛围，而且原木的基底有一种自然静谧的味道，让整个空间有一种清修的禅意。此外，原木色地板以其明朗的色彩，能有效扩大空间的视觉感，让小空间在视觉上得以延伸

▲ 打破传统观念的书柜设计

本案书房没有传统的整面书柜，而是设计了简约的多功能书架。
书架采用原木色搭配，外观简约时尚。搭配书房墙面的深灰色
壁纸，能让人处在愉悦的氛围中学习和工作。这样的书架无论
是摆放在书房，或是家中的任何一个地方，都能为空间增添一
份美感。

▶ 卧室五斗橱的设计既整体又实用

卧室床的一侧设计了一个五斗橱，其
材质和床头柜是同一系列，这样的搭
配让空间的整体感很协调。五斗橱的
功能很强大，最上面一层的抽屉，可
以存放钥匙、袜子、内衣等小物件。
下方则可以存储生活中的衣物，顶部
则可以当作一般的置物台，可以放置
一些装饰物品，使用起来十分方便。

厨房暖色墙砖
参考价格 100~150 元 / m²

⚠ 暖色系厨房营造温馨烹饪氛围

暖色系的厨房色彩搭配，给人以温暖柔和的感觉。再搭配木质的橱柜，以其自然的木纹以及温润的质感，为小厨房空间营造出了温馨舒适的感觉。此外，相对于浅色系，暖色系的搭配对于容易脏污的厨房空间来说会更耐脏。

🔍 小户型装修课堂

L 形厨房的设计要点

L 形厨房的设计在小户型家居中较为常见，而且这种设计形式对厨房的面积要求不高。L 形厨房的布置一般是把灶台和油烟机摆放在 L 形较长的一面，可把一小组地柜或者冰箱摆在 L 形较短的一面，这样不仅解决了转角的尴尬，而且角落的空间也被充分地利用了起来。

客厅白色门板木色台面装饰柜
参考价格 450~600 元 / 个

一抹绿茶

　　在本案中，每个空间的功能定位都非常合理，如厨房临近餐厅、客厅拐角处的书房设计等。可以看出每个空间的设计，都是经过设计师的深思熟虑后而进行的。空间的整体配色以绿色、黄色为主。简洁的空间设计配合柔和的灯光，像是炎炎夏日的绿茶，给人带来了阵阵凉意。

建筑面积　80m²
设计公司　星翰装饰设计
设计师　郭斌 唐蔚萍

简洁的石膏板造型
参考价格 150~200 元/㎡

客厅黑色落地灯
参考价格 350~400 元/个
落地灯在很大程度上满足了客厅的局部照明，而且
是很好的点缀装饰，一盏精致的落地灯不仅可以体
现出不俗的品位，而且能提升整体空间的美感

灰色抛釉地砖
参考价格 200~220 元 / ㎡
抛光砖的釉面不同于渗花、大颗粒等装饰方法，它采用了特种专用的熔块和基料混合后压制，或通过特殊网印施于砖面，烧后经抛光而产生不同色泽的颗粒或花纹的装饰效果

布艺饰面硬包
参考价格 280~350 元 / ㎡

餐厅彩色盘子壁挂装饰画
参考价格 100~200 元 / 个

玄关处通体鞋柜的设计美观且实用

入户玄关左侧空间上一面墙，恰好是一个鞋柜的空间，所以设计了一个较高的通顶鞋柜，这样上柜可以放衣物，下柜可以摆放鞋子。中间配以黑镜的开放式平台，不仅方便摆放各种精美饰品，而且又增大了玄关空间的视觉效果。

小户型装修课堂

小户型设置榻榻米应呼应整体装饰风格

　　小户型如果在房间里进行榻榻米装修，应选择和整体空间相近的色调。此外由于小户型空间层高较低、面积狭小，如果在设置榻榻米的房间选择复杂或是太过规则的吊顶，容易造成空间上的压抑感。因此应选择简洁单薄的吊顶设计，或者不做吊顶增加空间里的视觉延伸感。

书房空间的榻榻米设计

书房空间主要是家人休闲以及学习的场所，其空间功能设计应尽量多样化，因此选择了榻榻米设计，并在榻榻米上方设计了书柜和衣柜。整个榻榻米在房间集多功能于一身，不仅可以作为书房，当家里有客人时则可以作为客卧，同时还是一个非常好的休闲娱乐场所。

儿童房小黄人装饰画
参考价格 150~200 元 / 幅

▲ **儿童房氛围灯光的设计增加空间纵深感**

儿童房的配色以暖黄色为主，温馨而舒适。考虑到孩子比较好动喜欢涂鸦，为了保护墙面，
在床头设计了整体的护墙板造型，既有层次感又可以丰富空间内容。护墙板上方还设计
了柔和的灯光，既拓展了空间的视觉效果，又能在晚上驱散黑暗，给孩子带来安全感。

邂逅美丽的田野

　　该案例在空间格局上的划分很明确，而且功能也很齐全。像餐厅酒柜的设计，就是根据格局的缺陷而增加的。墙面采用暖色的亚光漆，配以白色护墙板造型，营造出了返璞归真的氛围。棚面多层次的石膏线造型，使空间更有层次感。布艺沙发配上短绒菱形花纹的地毯以及木制茶几，营造出一种回归自然的意境。

建筑面积　79.8m²
设计公司　星翰装饰设计
设 计 师　郭斌

餐厅空间的隔断设计充当了酒柜的功能

原始格局客厅和餐厅之间有个哑口，由于哑口宽度比较宽，造成了就餐时会看到卫生间的门。而且与墙体也不是处在同一水平线，看着也不协调。因此在哑口处设计了一个柜子，并与对面墙长度形成一致，美观的同时，还可以作为餐厅的酒柜使用。

◄

儿童房床头柜与衣柜一体式设计

儿童房面积比较小，但也需要储物空间，所以根据空间的格局，将衣柜设计到了床的两侧。为了有个床头柜的功能，将衣柜中间断开，形成了两个开放式的平台。平台下方的灯光设计，完美地代替了床头灯的功能。顶面根据柜子凸出的空间设计了筒灯，增加了卧室的灯光氛围。

小户型装修课堂

巧用衣柜镜面门扩展小户型卧室空间

如果将衣柜门设计成镜面玻璃，能让卧室空间变得更加通透明亮。既可以充当穿衣镜，省去了设置穿衣镜的位置，而且能在视觉上扩大空间感，呈现出简约又时尚的空间氛围。因此，衣柜镜面门的设计对于小卧室来说，是节省空间又省时省力的选择。

卧室深木纹复合地板

参考价格 280~350 元 / ㎡

耐磨转数是衡量复合地板质量的一项重要指标。客观来讲，耐磨转数越高，地板使用的时间就越长。一般情况下，复合地板的耐磨转数达到1万转为优等品，不足1万转的产品，在使用 1~3 年后就可能出现不同程度的磨损现象

主卧室衣柜的设计和墙面融为一体

主卧室空间床头设计了石膏板造型，造型的设计根据墙面和床头高度，划分为四个框体结构。主卧室衣柜设计到了床的侧面，为了节省空间将衣柜门设计为拉门，拉门的造型也设计成了框体的结构，与床头造型形成了呼应。衣柜的侧面由延伸出来的墙体遮挡，这样衣柜侧身的厚重感就消失了，整体看上去显得非常统一和谐。

简约美式储物柜

参考价格　1500~2000 元 / 个

储物柜在清理的过程中，应先进行清洗，再用湿抹布将储物柜抹干净，然后再用干抹布将其抹干，这样能避免因水分残留而导致储物柜的腐蚀。等抹干净储物柜后，再将原本放在储物柜的物品存放进去

[焦糖空间

　　由于该户型面积较小，所以采用了开放的设计形式，并以相同的墙面造型装饰作为连接。既能保持空间功能的多样性，又能保证整体果的统一性。例如，客厅电视墙与餐厅背景都是采用彩色布艺硬包的处理方式，色彩丰富，形式多样，给人以耳目一新的感觉。而客厅沙发背景和书房墙面都是以木地板上墙的处理方式，形式新颖而且亲近自然。

建筑面积　65m²
设计公司　YI&NIAN 壹念叁仟
设 计 师　李战强

电视墙几何形布艺硬包
参考价格：280~350 元 / m²

沙发墙装饰画
参考价格 200~300 元 / 幅

原木色木地板
参考价格 150~200 元 / ㎡

⚠ **装饰柜既装饰客厅又可作为餐厅的酒柜**

在客厅沙发墙的两侧设计了展示柜，展示柜的格子错落
有致，不仅看起来内容丰富新颖，而且还有着非常强大
的收纳能力。临近餐厅的装饰柜也正好处于餐桌一侧，
因此也可以作为酒柜使用。

餐厅水曲柳实木吊灯
参考价格 500~650 元 / 个

⚠ 卧室空间的设计很新颖

卧室空间的设计很新颖，衣柜的摆放方式打破了传统的形式，将衣柜设计到床头，然后床头内

嵌，让床头两侧作为储物区域。储物柜中间是镂空的，上柜配以柔和的灯光，可供床头灯使用；

下方可以随手放置生活用品，既充当了床头柜的使用功能，又满足了衣柜的储物需求。

书房原木色台灯

参考价格 150~200 元 / 个

对于书房空间来说，选择高度合适的台灯是非常重要的。
通常眼睛距离书本 30cm 时，既能看清字迹，也不会过度
疲劳。以此推算，台灯的高度距离书面以 40~50cm 比较
合适，这样既能保证充足的阅读照明，也能为周围环境带
来一定的亮度

 小户型装修课堂

利用玻璃饰品制造空间通透感

　　玻璃的质感通透轻盈，其艺术造型也非常丰富，而且兼具装饰与放大空间的功能，因此是小户型空间常见的装饰元素。如玻璃花瓶、杯盘、工艺品、玻璃烛台、玻璃酒杯等，摆放在家中任何一个需要装饰的地方，都能将小小的空间点缀得清新宜人。由于玻璃的种类繁多而且家居适用性极广，因此在使用玻璃装点家居时，应根据空间的特点进行布置。

▶

卫生间的干湿分离既美观又易于打理

该案例的干湿分离处于同一个空间，这样的设计既保证了空间材质的整体性，也可保证淋浴区之外空间的干燥卫生，同时能防止洗手间和淋浴区域的洗漱冲突。

品味艺术

　　本案户型为 loft 公寓，整体是一个敞开式的空间，功能也非常多样化。整体装饰有着流动性、开放性、透明性以及艺术性的美感。空间的布局手法很直接，并且很有特色，在简练中体现高品质的生活。黑白灰的运用使空间富有内涵，再加以活力四射的红、黄、蓝作为点缀，让空间配色显得精彩纷呈。布艺色彩的碰撞与独特的挂画形式，不仅活跃了空间气氛，同时表现出了艺术与生活的共鸣。

建筑面积　67m²
设计公司　道胜设计
设 计 师　何永明

餐厅白色吊灯
参考价格 150~200 元 / 个

餐厅明亮的镜子
参考价格 250~300 元 / ㎡

抛釉地砖
参考价格 150~200 元 / ㎡

⚠ **镜面设计增大餐厅视觉空间**

餐厅区域处于客厅对面的一个角落，考虑到空间的采光需求和时尚感，将餐厅区域的墙面设计成整面镜子，既可以提升空间的光感，也可以作为落地穿衣镜，方便整理衣着和仪容。

麦秆板
参考价格 100~150 元 / ㎡

麦秆板具有非常光滑的表面，其生产成本比刨花板还低，而且在强度、尺寸稳定性、机械加工性能、螺钉握固能力、防水性能以及贴面性能和密度等方面都胜过木质刨花板。

 小户型装修课堂

利用原木餐桌椅为空间营造自然美感

有不少小户型的餐厅都比较青睐于搭配原木餐桌椅，原木餐桌椅环保大方，能够营造出绿色健康的用餐环境。优美的木纹为空间带来了天然的装饰美感，而且温润的木色、简约的造型丝毫不会给小餐厅带来空间压力。

黄色麋鹿书架边几
参考价格 600~700 元 / 个

▲ 橱柜的设计兼顾了就餐空间

厨房空间处于楼梯下方，这个区域的采光不是很好，所以橱柜的材质采用了白色烤漆饰面，简洁大气，又能提亮空间。设计师将橱柜的台面延伸出一段距离，这样的设计既多出了一个就餐区，又增加了台面的操作空间。

卧室不规则形状牛皮地毯
参考价格　500~650 元 / 个
由于牛皮地毯的皮毛稀疏，胶原纤维编织较为
疏松，因此具有很强的透气、透水性，并且触
感亲肤、经久耐用。此外，比起其他动物皮革，
牛皮张幅较大，因此适合制作张幅较大、质感
卓越的优质地毯

▶

卧室卫生间钢化玻璃隔断增加空间采光
卧室卫生间的设计很前卫，并且没有刻意
的采用实体墙体作为隔断，而是利用钢化
玻璃进行划分，因此不会阻挡卫生间的光
线。此外，钢化玻璃的防水、防潮、防腐
性能都很强，因此是卫生间隔断的首选。

春天的气息

　　本案是一个小复式空间，室内空间的每一个细节都设计得很到位。如楼梯下方空间的利用，以及在卧室设计一个休闲的榻榻米空间，给人一种别有洞天的感觉。空间的整体色调以暖色为主，主要的装饰材料为柔和的壁纸、硬包等，给人温暖舒适的感觉。灰色的沙发搭配绿色植物壁画，显得清新自然，为家居空间带来了春天的气息。

建筑面积　75m²
设 计 师　张丽华

可延伸客厅空间进深的竖条纹壁纸
参考价格 60~100 元 / ㎡

大花白理石
参考价格 750~800 元 / ㎡
大花白理石的颜色温暖舒适，并且花纹分布自然流畅，能为
家居空间带来华丽、庄重的装饰效果。此外，由于大理石材
质容易沾染污渍，因此应定期以微湿带有温和洗涤剂的布进
行擦拭，然后用干净的软布抹干和擦亮，使其恢复光泽

楼梯下方空间的设计美观大气

因为原户型的空间比较高，所以楼梯下方的举架也很
高。可以在这个空间设计一个整体橱柜，橱柜的上柜
和楼梯的顶部衔接得恰到好处。在楼梯下方比较矮的
空间设计一个和楼梯同一材质的台面，台面上方可放
置各种装饰品或者装饰画，配上柔和的灯光，营造出
别具一格的艺术氛围。

客厅拉缝硬包
参考价格 200~225 元 / ㎡

仿真绿色多肉植物壁挂绿植
参考价格 150~200 元 / 个

⚠ **根据房子的建筑轮廓设计飘窗**

楼上卧室窗户的原始格局是呈矩形向室外凸起，这样室内窗户下方就有一个凹进去的空间，这个空间很适合设计飘窗，既可储物也可以作为很不错的观景台。躺在窗台上，看看车水马龙，看看满天星斗，更大限度地感受自然、亲近自然。

 小户型装修课堂

利用床尾凳增加卧室收纳空间

在小卧室中搭配一个床尾柜和床头柜形成风格上的呼应衔接，能加强卧室空间的整体美感。同时床尾柜可用于存放一些简单的生活物件，为生活带来很多便利，而且也可以让卧室空间显得更加有条理。

▲ 功能强大的卧室空间

一楼空间的卧室和客厅相接，为了不影响客厅采光，将
卧室设计成开放式。此外在卧室的里侧空间设计了一个
休闲的榻榻米，既可供人休息，也可以作为一个娱乐休
闲空间。

金典白色鹿头家居壁饰
参考价格 800~900 元 / 个

儿童房彩色盘子装饰画
参考价格 100~150 元 / 个
简单的墙面挂盘装饰，让儿童房空间显得精致
活泼，并且能瞬间提升家居装饰的品位，让人
感受到艺术的完美气韵。采用同样造型不同颜
色和图案的挂盘，能丰富墙面的视觉效果

[等待花期

　　该案例的设计对户型原始格局进行了改动，将客厅与餐厅互换位置，增加了餐厅与厨房之间的互动性。将书房和主卧打通，然后将书房旁的储藏间作为卧室的衣帽间。整体空间配色以原木色为主，并点缀以少数亮色提亮空间，犹如含苞待放的花朵，等待绽放。

建筑面积　89.2m²
设计公司　真水无香

客厅布艺装饰画
参考价格 300~500 元 / 幅
布艺画的保存性和艺术价值都很高，将其作为客厅空间的墙面装饰品，能呈现出更为立体的装饰效果，而且装饰品质也比普通装饰画更为突出

小户型装修课堂

原木诠释返璞归真的生活理念

在小户型空间融入质朴的原木家具，能让小小的空间弥漫着浓郁的生命气息，不仅反映了人和环境的和谐关系，而且能让小户型空间瞬间活泼起来，原木家具可分为纯原木家具和现代原木家具两类，纯原木家具的制作一般不会采用类似钉子之类的现代材质作为配件，力图表现最原始和最简朴的木材状态，表达了崇尚自然、返璞归真的生活理念。

餐桌上方黄色吊灯
参考价格 300~350 元 / 个

▶ 客厅餐厅统一空间既美观又实用

由于空间有限，所以把餐厅设计到客厅的阳台空间，这个位置距离厨房也比较近，便于和厨房之间进行互动。选择原木色的餐桌和桌椅，不仅造型简洁，而且也很美观，不仅可以当餐桌使用，而且也可以作为休闲区域的桌椅使用，既有装饰效果又具有多种实用功能。

墙面灰色乳胶漆
参考价格 20~25 元 / m²

▶ 吊轨推拉门提高空间利用率

推拉门的优点有很多，特别是对于面积非常有限的小户型来说，可以节省不少空间，同时还能划分出不同的生活区块。推拉门一般可分为地轨和吊轨两种类型，由于吊轨推拉门不用在地面布轨，减少了地面活动时的阻碍，让空间利用率更高，因此也更适合运用在小户型的空间里。

卧室床头木纹 地板造型
参考价格 280~300 元 / ㎡
木材具有消声的作用，透过木质的纹理可以把
声音振动频率降下来，从而为空间带来安静的
氛围。此外，木材还有着自然、环保、温暖的
特点，因此非常适合运用在卧室空间

书房摇椅衣服架
参考价格 500~600 / 个

⚠ 将卧室改造后有了更多的功能区间

将卧室与书房之间的墙体拆除，并把入户储藏间门的方向改
到书房，卧室门改到玄关位置，让书房多出了一个衣帽间。
改造后卧室和书房处于同一空间，所以采用了折叠拉门将卧
室和书房进行划分，既通透又便捷。此外，在玄关位置设计
了一排鞋柜，方便了进出门时的换鞋需要。

卫生间方形白色瓷砖
参考价格 200~300 元 / ㎡

附录
[小户型案例户型改造 + 材料清单

户型档案

作品风格 现代美式

作品户型 两房两厅一厨一卫

建筑面积 75 ㎡

设计费用 9600 元

半包费用 7.8 万元

业主信息 三口之家（小孩 9 岁）

业主要求 进门处要有挂衣橱，要增加餐厅功能，客厅需要放置钢琴，客厅要有投影仪，主卧要有衣帽间，主卧要有梳妆台，
　　　　次卧要有写字桌和储物空间，厨房需要放置冰箱和电器柜

装修主材 强化地板、石膏线、中央空调、乳胶漆、墙纸、软包、木纹砖

设计公司 上海季洛创意设计

　　本案属于 20 世纪 90 年代的老公寓房，设计师通过对业主的需求和其生活习惯等细节入手，对原始格局进行解构和重组，使得空间利用率以及功能划分得到更好的提升。本案风格定位现代美式，在设计之前做了充分的准备。方案中因为要改动部分的墙体较多，加上空间的重置对原房屋的结构以及排水做了变动，为了使方案在保证安全的前提下进行，设计师专门进行了专业的结构分析以及加固方案。动线上的合理划分使整体更加协调，增加的储物空间提升了家居生活的实用性。墙顶面的局部造型让空间层次感更加鲜明。

▼ 改造前　　　　　　　　　　　　　　▼ 改造后

李戈

上海季洛设计创始人兼设计总监、国际建筑装饰室内设计协会高级设计师、中国建筑装饰协会会员、中国室内装饰协会注册高级室内设计师。国内多家专业家居杂志、室内设计类图书与互联网媒体等特邀专家嘉宾，曾受邀参编《小空间大设计 改造二手房》《风尚美家 现代简约》等热销图书。

秉承"构筑精致设计，筑品位生活"服务于每个空间，对各类空间功能的整理和规划有着自己广阔的思路，对空间和颜色之间的搭配和融合有着自己独特的见解。作品《明泉·濮院》荣获2017年CBDA设计奖"公寓/别墅空间类"银奖、作品《绿地21世纪城》荣获2017年度中国设计品牌大会住宅公寓品牌空间最具创新奖。

户型缺陷

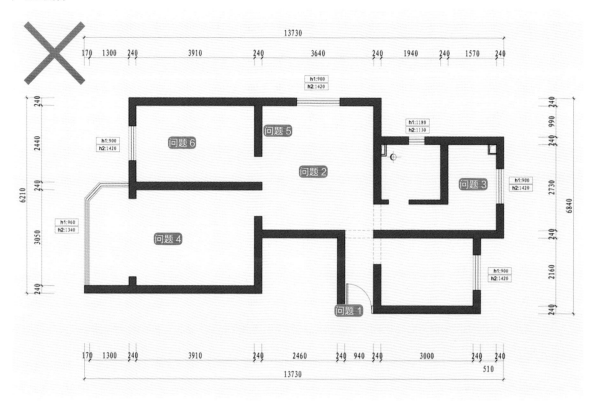

问题1.进门玄关空间窄小，没有足够可以储物的空间，自然采光不足，且进户门内开占用进门过道空间。

问题2.只有一个厅要兼顾客餐厅功能，没有独立的餐厅面积，通风采光效果差。

问题3.厨房比较小，无法放置冰箱，造成生活的不便利，且要经过长过道才能到达，过道面积比较浪费，得不到很好的利用。

问题4.主卧的储物空间比较单一，业主要求在主卧实现步入式衣帽间的功能。

问题5.客厅需要增加钢琴摆放位置。

问题6.次卧面积无法满足书桌和衣物的储藏功能。

改造亮点

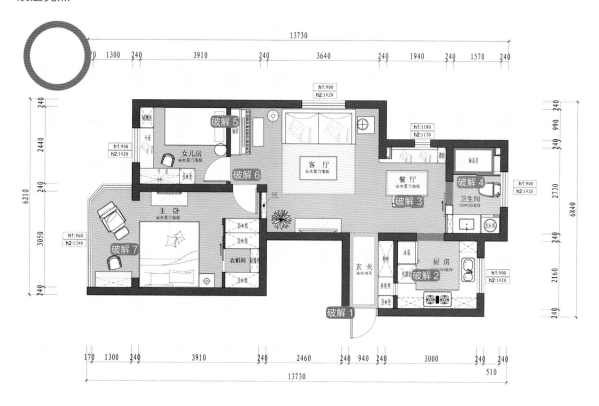

破解1. 进门处通过墙体改造，增加了进门挂衣柜、换鞋凳以及鞋柜的储藏功能。挂衣柜采用顶天立地的镜柜门，除了满足日常全身镜之外，更通过光线的反射增加进门处的采光与空间感。

破解2. 由于业主对于厨房的使用频率较高，把原朝北的房间改造成了厨房，门洞改成朝向餐厅的位置，增加餐厅和客厅的通风以及采光。在实现冰箱以及电器柜摆放位置的同时，在连接换鞋凳的地方采用了钢化玻璃隔墙，从而增加进门处的自然采光。

破解3. 为了扩大原客厅的面积以及增加独立餐厅的功能，并且实现客餐厅的互动性以及餐厅与厨房之间的联动，把原卫生间改造成了餐厅功能，卡座的设计形式既增加了空间的储物功能，同时也改善了客厅的采光。

破解4. 原厨房改造成卫生间，利用原来过道的面积增加了壁龛功能，让洗漱用品得到井然有序的安放，使得洗漱台面更加整洁，方便清理。

破解5. 次卧的墙面南移，缩小次卧室的面积的同时增加了客厅的面积，从而实现钢琴在客厅的摆放位置。次卧中连接书桌的卡座结合靠窗处做储物柜的方式，大大提升了空间的储藏功能。

破解6. 通过改变主卧的门洞开启方向，增加了主卧的私密性。设计师利用原来主卧室的门洞厚度，朝客厅方向设置了一个书架，满足客厅装饰摆放的同时增添了储物功能。

破解7. 在对主卧的空间处理上，把阳台打通并入其中，除了满足业主的衣帽间需求之外，在原阳台处也实现了业主的梳妆台需求。

▼ 装修材料清单

	材料名称	参考价格
	强化复合地板 （菲林格尔）	280~450 元 / m²
	石膏线条 （银翘）	12~18 元 /m
	装饰护墙板	650~850 元 / m²
	休闲卡座	450~750 元 / m²
	磨砂玻璃移门 （拉迷）	450~680 元 / m²
	中央空调加长风口 （三菱）	65~125 元 /m
	模压板描金 （灵艺）	450~650 元 / m²
	陶瓷瓷砖 （东鹏）	450~650 元 / m²
	壁挂马桶 （杜拉维特）	4500~8600 元 / 套
	淋浴房 （朗斯）	880~1280 元 / m²
	仿古地砖 （东鹏）	450~680 元 / m²
	仿古地砖拼花 （伊派）	650~860 元 / m²

▼ 软装饰品清单

	材料名称	参考价格
	抱枕	65~150 元 / 只
	实木圆椅 （爱室丽）	1500~2600 元 / 把
	定制罗马帘 （缘邑软装）	350~650 元 / m²
	装饰吊灯	680~1250 元 / 盏
	定制装饰移门	650~880 元 / m²
	地毯	2500~3600 元 / 张
	美式吊灯	2200~3600 元 / 盏
	装饰花瓶	180~350 元 / 组
	装饰挂画	150~350 元 / 幅